UOOC 联盟指定参考书

深圳大学教材出版基金资助

Java 语言程序设计教程

张 席 主编
陈国良 主审

西安电子科技大学出版社

内 容 简 介

本书共 12 章，第 1 章为 Java 语言概述；第 2 章是基本数据类型、运算符、表达式以及语句的介绍；第 3 章主要介绍类与对象；第 4 章介绍继承与接口的概念；第 5 章为字符串及其应用；第 6 章讲述泛型与集合；第 7 章介绍 Java 异常处理机制；第 8 章是输入、输出类介绍；第 9 章为图形用户界面设计；第 10 章介绍线程的概念；第 11 章为 Java 网络编程知识；第 12 章是 Java 数据库编程。每章后面均给出习题，以巩固学习的效果，加深学生对相关知识点的理解。

本书适合作为高等学校计算机相关专业 Java 类课程的教材，也适合作为相关工程技术人员的参考用书。

图书在版编目(CIP)数据

Java 语言程序设计教程/张席主编.
—西安：西安电子科技大学出版社，2015.8(2021.2 重印)
ISBN 978 - 7 - 5606 - 3792 - 1

Ⅰ. ①J… Ⅱ. ①张… Ⅲ. ①JAVA 语言—程序设计—教材 Ⅳ. ①TP312

中国版本图书馆 CIP 数据核字(2015)第 183404 号

策　　划　马晓娟
责任编辑　马　琼　马晓娟
出版发行　西安电子科技大学出版社（西安市太白南路 2 号）
电　　话　(029)88242885　88201467　邮　编　710071
网　　址　www.xduph.com　　电子邮箱　xdupfxb001@163.com
经　　销　新华书店
印刷单位　广东虎彩云印刷有限公司
版　　次　2015 年 8 月第 1 版　　2021 年 2 月第 2 次印刷
开　　本　787 毫米×1092 毫米　1/16　印张 17
字　　数　397 千字
印　　数　3001～3500 册
定　　价　38.00 元
ISBN 978 - 7 - 5606 - 3792 - 1 / TP
XDUP 4084001-2
如有印装问题可调换

序

  Java 语言从上世纪九十年代中期面世，至今已整整二十年，如同一个孩子，渡过了嗷嗷待哺的婴儿期，成长为一个功能健全、魅力十足的青年。从国内外调查机构给出的行业计算机语言应用比例统计数据(比如来自国内 CSDN 的调查或者国外 TIOBE 的调查)来看，从事 Java 开发的程序员在开发者中的比例一直高居榜首。高校作为大学生和社会之间的桥梁，有责任、有义务把最切合时代前沿的知识教授给学生，为全面提升我国信息化水平做出自己的贡献。

  Java 作为二十世纪九十年代中期问世的编程语言，天生就带有这个时代的痕迹，如跨平台、分布式、可靠性、安全性、多线程等。它是网络开发与应用的最佳语言平台，目前已被世界各大著名公司支持并持续开发研究，比如 IBM、谷歌、微软等。我国的学术界、产业界和应用界同样一直在研究 Java，腾讯、华为、金蝶等国内知名企业也在 Java 平台上研制开发了大量的软件产品。因此，本书的出版发行，是与网络的发展相适应的，必将受到高校师生和广大 Java 从业人员的欢迎。

  本书作者张席副教授长期从事"Java 程序设计"教学工作(该门课程自 1998 年便成为深圳大学计算机专业的选修课)，并在 2006 年出版《Java 语言程序设计教程》一书。经过多年发展，目前深圳大学计算机系已经形成一支老中青结合的 Java 教学团队，他们根据自己的教学经验、教学积累，对原书进行了大篇幅的修订校正，形成本书。相信他们在结合自己教学、科研工作经验的基础上编写的教材，能把 Java 的新特点、新功能体现出来，更好地促进高校计算机教学的发展。

陈国良

2015 年 5 月

前　言

俗话说，工欲善其事，必先利其器。对于 IT 行业从业者来说，扎实的编程功底就是手中最锋利的武器。从编程语言的普及程度来看，我们可以参考 CSDN 在 2014 年 1 月份做的"2013 年中国软件开发者薪资大调查"在线调查活动的统计结果——使用 Java 的开发者比例高达 45.39%，位居第一，而使用 C# 和 C++ 的开发者比例分别仅为 17.63% 和 13.37%。国外编程语言社区排行榜 TIOBE 统计结果表明，Java 语言相对其他编程语言，使用人数一直也是遥遥领先的。作者从事高校 Java 教学工作十多年，深感 Java 语言对计算机专业学生的重要性，其相对于 C++，Java 语言更高效、灵活、健壮，既没有图形开发 API 的预封装，可提高程序员进行图形界面开发的灵活性，又取消了指针的使用，使得系统的安全性大大提高。截止到 2014 年，Java 已经陪伴广大的程序员走过了十九年，其版本从 1996 年的 JDK1.0 发展到目前的 Java SE8，功能越来越完善，使用也越来越广泛，企业、公司、高校处处都能见到它的身影。

本书凝聚了作者多年的 Java 编程教学经验，在 2006 年出版的教材《Java 语言程序设计教程》基础上重新编纂而成。全书内容由浅入深、循序渐进，既有基础类的知识介绍，也包含了泛型、GUI、网络编程与数据库连接等高级应用编程；既可作为计算机专业教材，也可作为非计算机专业的编程参考教材。书中结合 Java 编程概念，给出了大量的实例，所有实例均已在 Myeclipse 9.0 版本下调试通过。读者可在学习本书过程中参考使用实例，边思考边动手，做到融会贯通，为竞争日趋激烈的就业增加一份有力的筹码。

本书共分 12 章，第 1 章为 Java 语言概述，第 2 章是数据类型、运算符、表达式和语句，第 3 章为类与对象，第 4 章是继承与接口，第 5 章是字符串及其应用，第 6 章是泛型与集合，第 7 章为 Java 异常处理，第 8 章是 File 类与输入输出流，第 9 章为图形用户界面设计，第 10 章为线程，第 11 章为 Java 网络编程，第 12 章是 Java 数据库编程。同时每章后面均给出练习题，巩固学习的效果，加深对相关知识点的理解。

本书第 1、3、4 章由张席、谭舜泉老师编写，第 2 章由杨芳老师编写，第 5、6、9 章由于仕琪老师编写，第 7、8 章由张鹏、王平老师编写，第 10 章由林少聪老师编写，第 11、12 章由蔡树彬老师编写。在本书的编写过程中，深圳大学计算机与软件学院的陈国良院士、明仲教授给予了大力支持和帮助，同时陈国良院士百忙之中抽出时间为本书作序，在此表示最诚挚的感谢！

鉴于编者水平有限，书中不足之处在所难免，恳请广大读者批评指正。

编　者

2015 年 5 月

目 录

第 1 章 Java 语言概述 1
1.1 Java 语言平台 1
1.1.1 Java 平台的版本类别 2
1.1.2 Java 语言的特点 2
1.2 Java 的简短历史 4
1.3 Java 开发环境概述 6
1.4 浅尝 Java 程序开发 10
1.4.1 使用 JDK 开发 Java 应用程序 .. 10
1.4.2 使用 JDK 开发 Java Applet .. 12
1.4.3 使用 Eclipse 开发 Java 应用程序 .. 14
习题 16

第 2 章 数据类型、运算符、表达式和语句 .. 17
2.1 标识符和关键字 17
2.2 基本数据类型 17
2.2.1 整型数据 17
2.2.2 浮点型数据 18
2.2.3 布尔型数据 19
2.2.4 字符型数据 19
2.3 基本数据类型之间的转换 20
2.3.1 自动转换 20
2.3.2 强制类型转换 20
2.4 数组 21
2.4.1 数组的概念 21
2.4.2 数组的声明和创建 21
2.4.3 数组的初始化和赋值 21
2.5 运算符与表达式 22
2.5.1 算术运算符和算术表达式 23
2.5.2 关系运算符和关系表达式 23
2.5.3 逻辑运算符和逻辑表达式 24
2.5.4 移位运算符 25
2.5.5 位运算符 25
2.5.6 条件运算符 26
2.5.7 赋值运算符和赋值表达式 26
2.5.8 运算符的优先级 27
2.6 语句 28
2.6.1 语句概述 28
2.6.2 分支语句 29
2.6.3 循环语句 32
2.6.4 跳转语句 34
习题 36

第 3 章 类与对象 39
3.1 面向对象编程概念的介绍 39
3.2 类声明和类体 40
3.3 构造方法与对象的创建和使用 43
3.4 域/成员变量 46
3.5 成员方法 48
3.5.1 "按值传递"基本数据类型参数 .. 50
3.5.2 "按值传递"对象数据类型参数 .. 51
3.6 this 关键字 52
3.6.1 在实例方法中使用 this 52
3.6.2 在构造方法中使用 this 53
3.7 访问权限 54
3.7.1 public 访问权限修饰符 54
3.7.2 private 访问权限修饰符 54
3.7.3 protected 访问权限修饰符 .. 55
3.7.4 无修饰符 55
3.8 嵌套类和内部类 56
3.9 包 57
3.9.1 创建包 58
3.9.2 使用包 59
习题 59

第 4 章　继承与接口 61
4.1　子类与父类 61
4.2　子类对象的构造过程 63
4.3　成员变量隐藏与方法覆盖 64
4.4　super 关键字 66
4.5　上转型对象 69
4.6　抽象类 72
4.7　接口 73
4.8　接口的回调 76
习题 78

第 5 章　字符串及其应用 79
5.1　String 类 79
5.1.1　创建字符串 79
5.1.2　字符串的长度 79
5.1.3　字符串连接 80
5.1.4　字符串比较 81
5.1.5　常量字符串的引用 82
5.1.6　字符串的查询 82
5.1.7　字符串的操作 83
5.1.8　将字符串转为数值 83
5.1.9　将数值转为字符串 84
5.1.10　创建格式化字符串 84
5.2　StringBuilder 类 84
5.2.1　长度和容量 85
5.2.2　构造方法 85
5.2.3　StringBuilder 常用方法 86
5.3　StringBuffer 类 87
习题 87

第 6 章　泛型与集合 88
6.1　泛型 88
6.1.1　泛型的作用 88
6.1.2　泛型类 88
6.1.3　泛型接口 90
6.2　集合类概述 91
6.3　List 实现 92
6.4　Set 实现 92
6.5　Map 实现 93
6.6　ArrayList<E>泛型类 93
6.7　LinkedList<E>泛型类 95
6.8　HashSet<E>泛型类 95
6.9　TreeSet<E>泛型类 97
6.10　HashMap<K, V>泛型类 100
习题 102

第 7 章　Java 异常处理 103
7.1　异常处理概述 103
7.1.1　异常处理基础 103
7.1.2　异常的分类 105
7.1.3　异常的描述 106
7.2　异常处理机制 107
7.2.1　捕获和处理异常 107
7.2.2　声明抛出异常 109
7.3　finally 子句 110
7.4　自定义异常 112
习题 113

第 8 章　File 类与输入输出流 115
8.1　File 类 115
8.2　输入输出流概述 117
8.3　字节流类 119
8.3.1　字节输入输出流 119
8.3.2　文件字节流 120
8.3.3　管道流 123
8.3.4　数据流 126
8.4　字符流类 128
8.4.1　字符流类层次 128
8.4.2　文件字符流 129
8.4.3　缓冲流 130
习题 132

第 9 章　图形用户界面设计 133
9.1　AWT、Swing 和 SWT 133
9.1.1　AWT 133
9.1.2　Swing 133
9.1.3　SWT 134

9.2 一个简单例子	134
9.3 顶层容器	135
9.4 JFrame 窗体	137
9.4.1 窗口关闭事件	138
9.4.2 JFrame 中的常用方法	138
9.4.3 内部窗体	140
9.5 菜单	140
9.5.1 创建菜单	140
9.5.2 弹出式菜单	144
9.5.3 菜单事件处理	146
9.6 布局管理	148
9.6.1 布局管理器的设置	149
9.6.2 FlowLayout	149
9.6.3 BorderLayout	151
9.6.4 GridLayout	152
9.6.5 BoxLayout	153
9.7 常用组件	153
9.7.1 按钮	153
9.7.2 标签	156
9.7.3 单选按钮	157
9.7.4 复选框	159
9.7.5 下拉列表	161
9.7.6 文本框与密码框	164
9.7.7 文本区	167
9.7.8 进度条组件	169
9.7.9 树组件	177
9.8 常用对话框	179
9.8.1 消息对话框	180
9.8.2 确认对话框	181
9.8.3 输入对话框	182
9.8.4 自定义对话框	183
9.8.5 文件对话框	183
9.8.6 颜色对话框	184
9.9 在 Swing 组件中使用 HTML	185
9.10 事件处理	188
9.10.1 窗口事件	188
9.10.2 鼠标事件	192
9.10.3 键盘事件	195
9.11 界面外观	199
9.12 并发编程与线程安全	202
9.12.1 初始化线程	202
9.12.2 事件调度线程	202
9.12.3 工作线程	203
习题	204

第 10 章 线程 205

10.1 线程概述	205
10.1.1 并行概念的引入	205
10.1.2 程序、进程与线程	206
10.1.3 线程的状态	207
10.2 创建线程	208
10.2.1 继承 Thread 类创建线程	208
10.2.2 实现 Runnable 接口创建线程	209
10.2.3 Thread 类的主要方法	210
10.3 线程的同步机制	216
10.3.1 线程的异步与同步	216
10.3.2 synchronized 关键字	219
10.3.3 线程间的协作	221
10.3.4 线程的挂起	224
10.4 线程调度的优先级别与调度策略	226
习题	227

第 11 章 Java 网络编程 228

11.1 网络地址 InetAddress	228
11.2 UDP 数据报	229
11.2.1 端口与数据报套接字	230
11.2.2 发送 UDP 数据报	230
11.2.3 接收 UDP 数据报	231
11.3 TCP 连接	232
11.3.1 连接	232
11.3.2 套接字 Socket	232
11.3.3 Socket 连接到服务器	232
11.3.4 ServerSocket 实现服务器	233
11.3.5 服务器多线程处理套接字连接	235
11.3.6 Socket 关闭与半关闭	237
11.4 URL 链接	238
11.4.1 统一资源定位符 URL	238
11.4.2 获取 URL 对应的资源	238

11.4.3 超链接事件..................................239
习题..241

第 12 章 Java 数据库编程..........................242
12.1 MySQL 简介..242
12.2 MySQL 的控制台操作..........................242
　　12.2.1 数据库的连接与使用..................242
　　12.2.2 表的创建、修改和删除操作........244
　　12.2.3 数据的增删改查操作..................246

12.3 在 Java 中执行 SQL 语句....................249
　　12.3.1 JDBC 和数据库连接..................249
　　12.3.2 Java 对数据库的增删改查操作....251
　　12.3.3 预处理语句的应用......................254
　　12.3.4 结果集的选择..............................254
12.4 JTable 组件的操作................................255
习题..261

第 1 章 Java 语言概述

1.1 Java 语言平台

Java 是 Sun Microsystems 公司(现在已经被 Oracle 公司兼并)的 James Gosling 领导的开发小组开发的一种编程语言,在 1995 年正式推出后,大受欢迎,近年来变得非常流行。Java 的快速发展以及被广泛接受都归功于它的设计特点。Java 不仅仅是一门编程语言,它是一整套自成体系的平台,这个平台的核心是一个运行时环境、庞大的 Java 开发类库和一个 Java 语言编译器。

Java 提供了包括安全性、跨平台性以及自动内存垃圾回收在内的一整套系统服务。Java 运行环境由一组实现了 Java 应用程序编程接口(API)的标准类库和一个 Java 虚拟机(JVM)组成。Java 源代码经过编译后,生成的是一种中间代码,称之为字节码,Java 字节码运行在 Java 运行环境中。Java 虚拟机是一个执行 Java 字节码指令的应用程序,一般运行在现有的操作系统,如 Windows 和 Linux 上,也可以在硬件裸机上直接运行。虽然 Java 应用程序是跨平台的,但是执行 Java 应用程序的 Java 虚拟机不是跨平台的,每一种支持 Java 应用程序的硬件平台和操作系统都拥有它自己的 Java 虚拟机。

大部分的现代操作系统都提供庞大的操作系统 API 库帮助程序员重用代码,减轻编程负担。这样的 API 库通常都以动态链接库的形式提供,应用程序在运行时可以按需调用它们。但是由于 Java 平台是自成体系的,不依赖于任何特定的操作系统,因此 Java 应用程序也不能依赖于任何预先存在的操作系统 API 库。为了解决这个问题,Java 平台提供了自己的一套庞大复杂的标准开发类库,这个标准类库提供了和现代操作系统 API 库相似的可重用的编程接口。大部分的 Java 标准开发类库都是用 Java 编写的,比如 Java 的图形界面编程类库 Swing,它自己绘制用户界面和处理用户事件,从而消除了在不同的操作系统中图形界面元素特征的不确定性。

Java 语言是 Java 平台的一个核心组成部分,但是除了 Java 语言以外,Java 平台,特别是 Java 运行环境还支持其他的语言。一些第三方组织已经开发出了许多基于其他语言的可运行在 Java 运行环境上的解释器,这些解释器包括 JRuby(一种基于 Java 虚拟机的脚本语言 Ruby 解释器)以及 Jython(一种基于 Java 虚拟机的脚本语言 Python 解释器和字节码编译器)。当然,在这本教程中,我们集中讨论基于 Java 语言的 Java 平台。使用 Java 编程语言编写的源代码,需要预先编译为平台中立的 Java 字节码才能够在 Java 虚拟机中运行。Java 语言编译器在编译过程中一般不对代码进行优化,因此在 Java 发展的早期,它的性能相对其他编程语言生成的可执行程序是较差的,不过现在这个问题已经在新一代的 Java 虚拟机中通过运行时的预编译优化解决了。

1.1.1　Java 平台的版本类别

根据应用的不同，Java 平台被分为四个版本。

1. Java SE(Java 标准版)

Java SE 是使用 Java 语言进行编程开发时最常使用的一个平台。利用该平台可以开发一般用途的桌面应用程序和 Java Applet。Java SE 主要包含以下几个具有一般用途的 Java 类库。

(1) java.lang：提供和 Java 语言及 Java 运行环境紧密相关的基础类和接口。

(2) java.io：提供输入输出类，这些类一般是面向流的，但是其中也包含了一个用于随机访问文件的类。

(3) java.math：提供用以进行高精度运算的数学类以及高精度的素数生成器。

(4) java.net：提供和网络相关的输入输出类，为基本的应用层协议提供封装类。

(5) java.text：提供与文本处理相关的算法支持类。

(6) java.util：主要提供与复杂数据结构算法处理相关的算法支持类。

Java SE 还包含一些有特殊用途的 Java 类库，其中包括：

(1) java.applet：用以支持运行在浏览器上的 JavaApplet 小应用程序的开发。

(2) java.beans：用以支持 JavaBeans 架构定义的 beans 可重用小组件的开发。

(3) java.awt：也称之为抽象窗口工具包，提供了支持和本地操作系统紧密相关的重组件开发的基础类，GUI 事件系统的核心以及窗口系统的基础编程接口。

(4) java.sql：用以支持基于 JDBC API 的数据库应用开发。

(5) javax.swing：在 Java.awt 基础上，提供和平台无关的图形界面应用程序的开发。

2. Java EE(Java 企业版)

Java EE 是企业级的 Java 计算平台，它是 Java SE 平台的扩展。这个平台为开发和运行企业级应用软件提供了 API 和运行环境。Java EE 可用于开发网络和 WEB 应用服务，以及其他的大规模、多层次、可伸缩、高可靠性和高度安全的网络应用程序。Java EE 应用程序主要使用 Java 语言进行开发，使用 XML 进行配置。

3. Java ME(Java 微型版)

Java ME 是专用于嵌入式系统的 Java 平台，它的目标设备包括工控平台、移动电话、掌上电脑和机顶盒。目前世界上有超过 21 亿台支持 Java ME 的移动电话和掌上电脑。虽然目前一些最新的移动设备(iPhone、Windows Phone 和 Android 等)并没有使用它，但它仍然在低端的移动设备上非常流行。

4. Java CARD

Java CARD 是一种使得基于 Java 的 Applet 应用程序能在智能卡片上运行的技术。Java CARD 是最小的针对嵌入设备的 Java 平台。Java CARD 被广泛应用于 SIM 卡和 ATM 卡上。

本书主要讲解 Java SE，也即 Java 标准版相关的基于 Java 语言的编程开发。

1.1.2　Java 语言的特点

Java 语言具有以下的特点。

1. Java 是简单的

Java 比它的前辈 C 语言以及在它之前另一种占统治地位的面向对象的编程语言 C++ 都简单得多。Java 可被看作是 C++ 的一种很大程度上的改进和简化的版本，比如，C++ 中最让程序员头疼的两种特性是指针和多重继承，在 Java 中，指针被取消掉了，多重继承也被替换成了另一种更简单的语言结构——接口。另外 Java 还拥有自动的内存垃圾回收机制，使得 Java 程序员不需要像 C++ 程序员那样手动申请内存和回收内存垃圾，从而 Java 程序员的编程工作变得更为简单。

2. Java 是面向对象的

Java 是一种完全的面向对象的语言。很多面向对象的编程语言都是从早期的模块化编程语言改进过来的，而 Java 从它的原型设计时开始就遵循面向对象的原则。进行 Java 软件开发就是创建不同的对象、操作不同的对象以及使这些对象能够在一起工作。软件开发的一个关键要素就是如何重用代码。面向对象的编程思想通过封装、继承以及多态保证了代码的灵活性、模块化以及简洁性，从而确保了代码可被重用。而 Java 正是通过它简洁的面向对象的语法，使得面向对象的编程思想成为了编程界的主流。

3. Java 是分布式的

分布式计算把网络中的计算机联合起来。Java 的其中一个设计思想就是使得分布式计算变得更容易，因此分布式计算能力深深地植根在 Java 中。在 Java 中编写网络应用程序就像利用其他语言编写一个从文件中读写数据的程序那么简单。

4. Java 是解释型的

Java 字节码和机器硬件架构无关，可以运行在任何安装了 Java 解释器的计算机中。Java 解释器是 Java 虚拟机的一部分，它负责解释和执行 Java 字节码，把 Java 字节码翻译成目标机器能够运行的机器码。相反，C/C++ 的编译器将基于高级语言的源代码直接编译成和硬件架构相关的机器码，因此如果把运行在一种硬件架构上的 C/C++ 程序搬到另外一种硬件架构上，需要重新编译，才能生成适用于新的硬件架构的机器码。

5. Java 是健壮的

Java 的编译器能够报告很多其他编程语言生成的程序在编译完成后第一次运行时才能够发现的问题，因此可以帮助程序员在程序开发过程的早期就发现潜在的问题。Java 取消了在 C/C++ 中存在的容易引起错误的编程元素，如指针的取消就保证了不会出现内存泄露的问题。

Java 支持运行时的异常捕捉。它能确保程序在运行时即使出现了错误，也还能够继续执行并顺利地完成任务。

6. Java 是安全的

作为一种和因特网紧密结合的编程语言，Java 被广泛应用于网络和分布式环境。它的安全性基于一个前提：没有任何东西是可以被信任的。因此 Java 采用了多种安全机制来确保运行着 Java 虚拟机的宿主系统不会受到恶意软件的损害。

7. Java 是架构中立的

Java 是一种解释型的语言，这种特性确保了 Java 是架构中立的，或者换句话说，是与平台无关的。Java 编译生成的字节码能够运行在任何安装了 Java 虚拟机的平台上，当今世界上主流的操作系统平台(Windows、MAC、Linux 等)都能运行 Java 虚拟机。通过使用 Java，应用程序的开发者能够真正做到"一次编写，处处运行"。

8. Java 是可移植的

正因为 Java 是架构中立的，因此用 Java 编写的程序是可移植的。Java 应用程序不需经过重新编译，就可以运行在任何可以运行 Java 虚拟机的平台上。很多编程语言，它们的语言特性是平台相关的，如 C 语言中，整型和浮点型的长度就是由 CPU 的字长决定的。但是在 Java 语言中没有针对特定平台的特性，例如 Java 整型和浮点型的长度在所有的平台上都是一样的。这就确保了 Java 的可移植性。

Java 虚拟机本身也具备可移植性，可以很容易地移植到新的硬件和操作系统上。实际上，Java 编译器本身就是用 Java 写的。

9. Java 是高性能的

在 Java 发展的早期，它的性能备受诟病，这是因为 Java 是一种解释型的语言，Java 字节码并不是由系统直接执行，它的运行速度当然不能和本地机器码的运行速度相提并论。但是近年来 Java 虚拟机的运行速度已经得到了显著的提升，这得归功于 JIT(JUST-IN-TIME) 技术的引入。采用了 JIT 技术的 Java 虚拟机可以在某段字节码开始运行之前，就抢先把它编译成对应的本地机器代码，在这段字节码开始运行的时候，Java 虚拟机用对应的本地机器代码替换掉它，从而大大提升了 Java 字节码的运行速度。此外，新的 Java HotSpt 引擎还可以对经常使用的字节码进行优化，进一步提升 Java 虚拟机的运行速度。

10. Java 是多线程的

多线程对于图形用户界面和网络编程都是非常重要的。在图形用户界面编程中，一个应用程序需要同时执行多个任务，比如一个图形界面文件下载工具就需要在后台下载的同时不断更新用户界面，而一个 WEB 应用服务器需要同时为多个客户端服务。在很多编程语言中，使用多线程必须调用特定的操作系统接口，而在 Java 中使用多线程却非常简单，因为 Java 提供了简单易用的多线程类库。

11. Java 是动态的

Java 是一种动态的语言，它能够适应不断变化的应用环境。一个 Java 应用程序无需重新编译就可以在运行的时候读入一个新的类，因此用户不需要重新安装一个新的应用程序版本。在需要的时候，新的功能可以无缝地、透明地植入到 Java 应用程序中。

1.2 Java 的简短历史

Java 的诞生可用"有心栽花花不成，无心插柳柳成荫"来形容。从 1990 年开始，Sun 公司由 James Gosling 领导的开发小组试图开发一种 C/C++ 语言的替代品。他们认为 C++ 需要太多的内存，太过于复杂以至于容易导致编程错误，缺乏垃圾回收机制使得程序员必须自己进行内存管理，对分布式编程以及线程缺乏支持。他们希望新的语言能够克服 C++ 的这些缺点，同时这种语言能应用于内存较小的嵌入式系统，容易被移植到各种各样的设备上。到了1992年夏天，新的语言创建出来了，Gosling以他办公室外的橡树把它命名为Oak，并且制作出了一个用于演示Oak语言能力的样机。Sun公司原本预期Oak语言会在消费电子设备(如有线电视机顶盒、电话、闹钟、烤面包机)市场上派上用场，但是由于这些智能化家电的市场需求没有预期的高，Oak语言并没有引起行业巨头的兴趣。最终Sun公司被迫放弃了该项计划。

从1991年开始直到1994年，Oak语言一直都无人问津。1994年6月，在经历了一场历时三天的激烈讨论后，Sun公司的高层认为随着图形界面WEB浏览器的全面普及，因特网将会是一个比智能化家电更大的市场，同时因特网也需要Oak这样一种与平台无关、简单而可靠的编程语言，因此他们决定把Oak的技术应用于互联网，重新推出。当Sun公司打算注册Oak商标时发现"Oak"已被一家显卡制造商抢注，在无奈之下，他们决定把这种新的语言命名为Java，其寓意是为世人端上一杯热咖啡。"Java"是印度尼西亚一个盛产咖啡的岛屿，中文译名是"爪哇"。

1995年，Sun公司正式发布Java语言，由于它拥有平台独立、自动垃圾回收等在当年非常先进的特性，在整个IT界引起了巨大轰动，当年的许多软件业界巨头，包括Microsoft、IBM、NETSCAPE、NOVELL、APPLE、DEC、SGI等公司纷纷购买Java语言的使用权，Java的统治地位随之得到了肯定。此后Java的发展一波三折，早期曾经迅猛发展，也在流行几年后，经历了一段低迷期。近十年来，随着企业版的推出，Java终于以跨平台的企业级应用站稳了脚跟。一方面，通过把Java和WEB应用服务器结合起来，使得Java平台成为了把企业级后台系统和WEB整合的首选平台，很多大企业都愿意把部分或全部的以Java编写的业务系统迁移到基于Java的高交互性的网络平台上；另一方面，Java在企业级应用上的成熟表现也吸引了大量的开源组织投身于Java阵营，这些开源组织为Java企业级应用贡献了成熟的开源框架(Spring Framework、Hibernate等)、开源的标准实现以及开源工具(Apache Tomcat、GlassFish Application Server等)。这两方面的因素又反过来进一步促进了Java在跨平台的企业级应用上的发展。

在移动领域，最近非常受欢迎的Google Android操作系统也使用Java语言进行应用程序开发。不过Android操作系统并不使用传统Java平台所提供的类库，因为Android上的Java字节码使用一种特殊的虚拟机——Dalvik执行，因此它不能称之为传统的Java平台。在Java曾经因为其执行效率而大受诟病的桌面应用领域，Java也得到了长足的发展。根据一项统计，全球大约8.5亿台个人电脑安装了Java运行环境。一些广泛使用的桌面应用程序使用Java编写，这其中包括集成开发环境NetBeans和Eclipse、办公软件OpenOffice以及著名的科学计算软件Matlab。一些高端的基础软件，如Lotus Notes和IBM DB2，也使用基于Java开发跨平台的图形用户界面。一项统计表明，现在Java是世界上开发人员最常使用的一种语言。世界上大约四分之一的程序员在使用Java进行开发工作。

以下以Java开发包(JDK)的版本号演化为主线，对Java发展历程中的大事进行回顾：

(1) 1995年5月23日，Java语言诞生。
(2) 1996年1月，第一个JDK——JDK1.0诞生。
(3) 1996年4月，10个最主要的操作系统供应商声明，将在其产品中嵌入Java技术。
(4) 1996年9月，约8.3万个网页使用了Java技术来制作。
(5) 1997年2月18日，JDK1.1发布。

(6) 1997年4月2日，Java One 会议召开，参与者逾一万人，创当时全球同类会议规模之纪录。

(7) 1997年9月，Java Developer Connection 社区成员超过十万。

(8) 1998年2月，JDK1.1 被下载超过 2 000 000 次。

(9) 1998年12月8日，Java2 企业平台 J2EE 发布。

(10) 1999年6月，Sun 公司发布 Java 的三个版本：标准版(J2SE)、企业版(J2EE)和微型版(J2ME)。

(11) 2000年5月8日，JDK1.3 发布。

(12) 2000年5月29日，JDK1.4 发布。

(13) 2001年6月5日，Nokia 宣布，到 2003 年将出售 1 亿部支持 Java 的手机。

(14) 2001年9月24日，J2EE1.3 发布。

(15) 2002年2月26日，J2SE1.4 发布，自此 Java 的计算能力有了大幅提升。

(16) 2004年9月30日 18:00p.m.，J2SE1.5 发布，成为 Java 语言发展史上的又一里程碑。为了表示该版本的重要性，J2SE1.5 更名为 Java SE 5.0。

(17) 2005年6月，JavaOne 大会召开，Sun 公司公开 Java SE 6。此时，Java 的各种版本已经更名，以取消其中的数字"2"：J2EE 更名为 Java EE，J2SE 更名为 Java SE，J2ME 更名为 Java ME。

(18) 2006年12月，Sun 公司发布 JRE6.0。

(19) 2009年12月，Sun 公司发布 Java EE 6。

(20) 2011年7月28日，Oracle 公司发布 Java SE 7。

(21) 2014年3月26日，Oracle 公司发布 Java SE 8。

1.3 Java 开发环境概述

学习 Java 的第一步就是掌握 Java SE 平台的使用。如果只想运行别人写好的 Java 程序，可以只安装 Java 运行环境，也即 JRE。JRE 由 JVM、Java 核心类库以及一些支持文件组成，可以登录到 Oracle 公司的网站免费下载。此外，Oracle 公司提供了 Java SE 平台下的开发包，简称为 JDK(Java Development KIT)，目前的版本号为 7。也可以登录到 Oracle 公司的网站免费下载 JDK7。下载安装后就可以编写 Java 程序并进行编译、运行了。这是因为 JDK 中已经包含了 JRE。

安装好的 JDK 主要目录内容如图 1.1 所示，分别介绍如下：

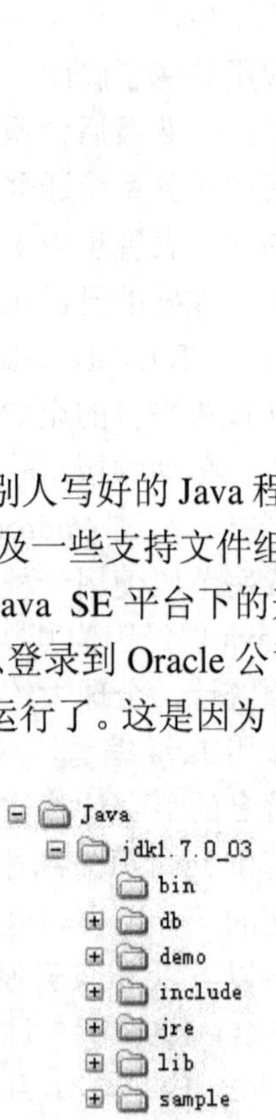

(1) bin 目录：用以开发、执行、调试和打包 Java 程序的实用程序。

(2) db 目录：由 Oracle 打包的开放源代码数据库 Apache Derby，这个数据库可以被嵌入 Java 应用程序中。

(3) demo 目录：Java SE 平台的示例源代码，包括了使用 Swing 和其他 Java 基类以及 Java 平台调试器体系结构的示例。

图 1.1 JDK 的目录结构

(4) include 目录：包括了支持使用 Java 本地接口、JVM 工具接口以及 Java 平台的其他功能进行本地代码编程的 C 语言头文件。

(5) jre 目录：这是包含在 JDK 内部的 Java 运行环境，也即 JRE，其中包括了 Java 虚拟机、类库以及其他支持执行 Java 程序的文件。

(6) lib 目录：附加库目录，里面包括了 Java 开发过程中所需的其他类库以及相关的支持文件。

(7) sample 目录：包括了某些 Java API 的编程示例源代码。

(8) src.zip 文件：Java 核心 API 类库中所有类的 Java 源文件(也即 Java.*、Javax.* 等基础包中包含的类的源文件)。

在 JDK 安装完毕后，JDK 平台提供的 Java 编译器(Javac.exe)、Java 解释器(Java.exe)和 Java 调试器(jdb.exe)都位于 Java 安装目录下的 bin 子目录中，为了能在任何目录中使用 Java 编译器和解释器，还需要设定系统环境变量 Path。在 Windows 平台中，右键单击"我的电脑"，在弹出的右键快捷菜单中选择"属性"，再单击弹出的"系统属性"对话框中的"高级"选项栏，然后单击其中的"环境变量"按钮，添加系统环境变量。假设 JDK 安装在 C:\JDK 中，则应该在原有的环境变量字符串后添加"C:\JDK"，如图 1.2 所示。

此外，Java 安装目录下的 jre 子目录中包含了 Java 应用程序运行时所需的 Java 类库，这些类库包含在 jre\lib 目录下的压缩文件 rt.jar 中。一般情况下，使用这些 Java 类库不需要额外的设置，但是在某些特殊情况下，系统中可能包含多个彼此不兼容的 Java 应用环境，这个时候可能会发生冲突，出现类似"程序要加载的类无法找到"这样的运行时错误。为了显式的指明我们所使用的当前 Java 类库，需要另外设定系统环境变量 Classpath。在 Windows 平台中，需要添加如图 1.3 所示的系统环境变量。

图 1.2 设置环境变量 Path

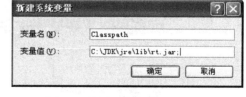
图 1.3 设置环境变量 Classpath

单独安装的 JDK 中是不包含帮助文档的。为了给在 Java SE 平台下的编程开发工作提供便利，建议下载 Oracle 公司提供的帮助文档，帮助文档在 Oracle 公司的网站上可以免费下载，文件名为 jdk-7u2-apidocs.zip。

在 JDK 安装好后，基本的 Java 开发环境就已经具备了。开发一个 Java 应用程序是一个迭代循环的过程：

(1) 编写/修改源文件。
(2) 编译源文件生成字节码，如果出现编译错误，则重回第 1 步。
(3) 运行字节码，如果一切正常，则开发过程结束，如果出现异常，则进入第 4 步。
(4) 调试 Java 应用程序，找出错误所在，重回第 1 步。

在第 2 步中，使用的是 JDK 提供的 Java 编译器(Javac.exe)，在 3 步中，使用的是 JDK 提供的 Java 解释器(Java.exe)，在第 4 步中，使用的是 JDK 提供的 Java 调试器(jdb.exe)。在第 1 步中，需要使用一个文字编辑器(如记事本)来编写源文件，不可以使用文字处理软件，如 Microsoft Word，这是因为文字处理软件生成的文档中含有 Java 编译器无法识别的不可见字符。

因此一个编辑器加上 JDK 就可以构成一个最简单的 Java 开发环境。在 Windows 平台上最简单的编辑器就是记事本，但是记事本的功能非常有限，不适宜于进行应用程序的开发，一般用于进行 Java 应用程序开发的编辑器需要支持语法高亮。在 Windows 平台上一个小而精致的支持语法高亮的编辑器是 Notepad++，Notepad++ 可以在它的主页上免费下载(http://notepad-plus-plus.org)。Notepad++ 提供了一系列编程相关的功能，如自动识别源代码类型，支持自动缩进，语法高亮，支持单词、函数名称自动补全等。通过配置，还可以在 Notepad++ 内运行 Java 命令行程序。使用 Notepad++ 开发 Java 应用程序的界面如图 1.4 所示。

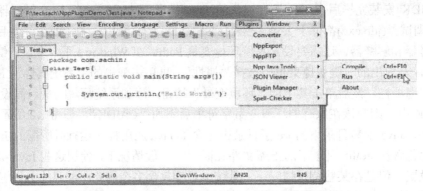

图 1.4　使用 Notepad++ 开发 Java 应用程序的界面

除了 Notepad++ 外，Windows 平台上还有许多免费的编辑器，如 WinEdit、JEdit 等，也都支持开发 Java 应用程序。在 Linux 平台上的两大编辑器 EMACS 和 VIM 均可用于开发 Java 应用程序。使用 EMACS 开发 Java 应用程序的界面如图 1.5 所示。

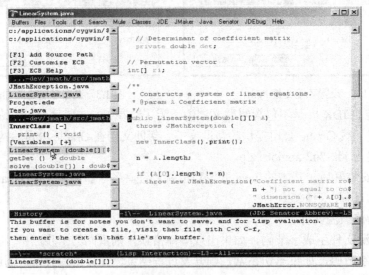

图 1.5　使用 EMACS 开发 Java 应用程序的界面

但是如果要设计开发较大型的 Java 应用程序项目，还是要使用 IDE(Integrated Development Environment，集成开发环境)，它是一种辅助程序开发人员开发软件的应用软件。IDE 是集成了代码编写功能、分析功能、编译功能、调试功能等一体化的开发软件集合。市面上有大量的 Java IDE，这些 IDE 产品都集成了 JDK 作为其主要的组成部分，其中最为流行的是 Eclipse 和 NetBeans。

　　Eclipse 是著名的跨平台开放源代码集成开发环境，能运行于 Windows 和 Linux 等操作系统。它最初是由 IBM 公司开发，并于 2001 年贡献给开源社区。目前它由非营利软件开发组织 Eclipse 基金会(Eclipse Foundation)管理。Eclipse 采用 IBM 公司开发的 SWT 框架，SWT 是一种基于 Java 的窗口组件，类似 Java 本身提供的 AWT 和 Swing 窗口组件。IBM 声称 SWT 比其他 Java 窗口组件更有效率。Eclipse 的设计思想是：一切皆插件。Eclipse 核心很小，其它所有功能都以插件的形式附加于 Eclipse 核心之上。Eclipse 基本内核包括：图形 API(SWT/Jface)，Java 开发环境插件(JDT)，插件开发环境(PDE)等。早期的 Eclipse 主要用于 Java 应用程序的开发，不过现在已经有使其作为 C++、Python、PHP 等其他语言的开发工具的插件。作为一种历史悠久的开源代码软件，Eclipse 拥有庞大的社区支持以及庞大的第三方插件库。使用 Eclipse 开发 Java 应用程序的界面如图 1.6 所示。

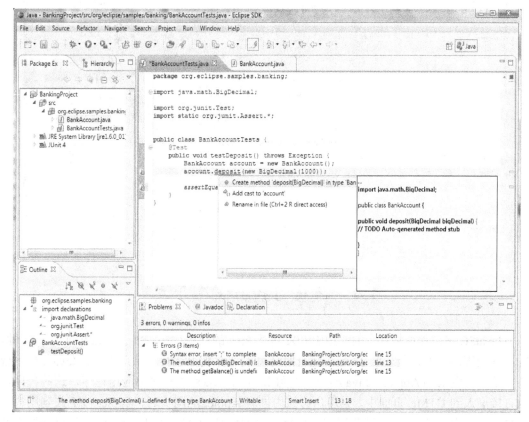

图 1.6　使用 Eclipse 开发 Java 应用程序的界面

　　NetBeans 是由 Sun 公司创建的开放源代码集成环境，在 2000 年，Sun 公司将它开放为开源软件。NetBeans 本身是一个开放的、可扩展的框架，可以通过插件来扩展功能。目前 NetBeans 可以用于 Java、C/C++、PHP、Python、Ruby 等程序的开发。在 NetBeans 平台中，应用软件是用一系列软件模块建构出来的，而这些模块中每一个都是包含了一组依据 NetBeans 定义了公开接口的 Java 类以及一系列用来区分不同模块的定义描述文件组成的 jar 包，通常模块的代码只会在需要时才被装进内存。NetBeans 应用组件能动态的安装模块。此外，应用组件还包含有更新模块，允许用户申请下载新的应用组件升级和加入新功能，这样不必重装整个 NetBeans 应用程序，就可以安装升级新组件。相对于 Eclipse 而言，NetBeans 的优势在于它使用 Java 标准窗口组件，因此在各种硬件平台上的表现都是一致的；而且由于它是由 Sun 公司开发的，得到了 Sun 公司及现在的 Oracle 公司的大力支持，它的调试、部署工具都非常优秀。读者可以登录到 Oracle 公司的网站免费下载 Oracle 公司提供的 JDK 和 NetBeans 的捆绑包。使用 NetBeans 开发 Java 应用程序的界面如图 1.7 所示。

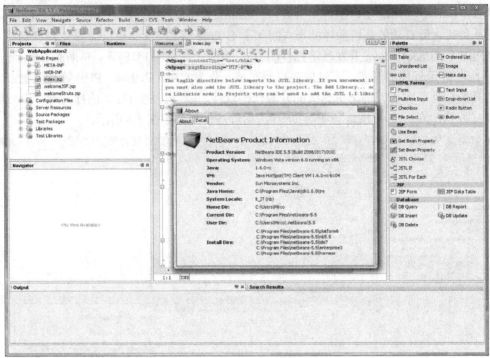

图 1.7　使用 NetBeans 开发 Java 应用程序的界面

1.4　浅尝 Java 程序开发

　　Java SE 平台如前所述，主要用于开发基于 Java 的应用程序。由于 Java 的平台无关性，Java 应用程序可在任何安装了 Java 运行时环境的计算机上运行。除此以外，Java SE 平台还可用于开发 Java Applet。Java Applet 是用 Java 语言编写的一些小应用程序，这些程序可以直接嵌入到 HTML 页面中，当用户访问内嵌有 Applet 的网页时，Applet 被下载到用户的计算机上，由支持 Java 的浏览器解释执行。Applet 是 1990 年中后期，Java 得以一炮走红的功臣之一。虽然说近年来 Applet 的市场份额已经被 Adobe 公司的 Flash 逐渐蚕食，风光不再，但它仍然是 Java SE 平台上的重要组成部分。

　　在这一节里面，我们先介绍使用基本的 JDK 开发 Java 应用程序和 Java Applet，然后再给出一个使用 Eclipse 开发 Java 应用程序的例子。

1.4.1　使用 JDK 开发 Java 应用程序

　　在 Windows 平台下，任何一个文字编辑器都可以用来编写 Java 源文件。在第一个例子中，我们可以使用记事本(NotePad)，它是 Windows 平台自带的简单编辑器。我们的第一个应用程序就是简单的显示问候语"Hello, JAVA!"。

【例 1-1】 显示问候语"Hello, JAVA!"代码示例。

```
//The first class: HelloJava
public class HelloJava{
    public static void main(String[] args){
        System.out.println("Hello, JAVA!");
    }
}
```

首先打开编辑器，在新文档中，输入如例 1-1 所示的代码，然后把代码保存为 HelloJava.java。以下我们对这段代码做一个简短的说明。在 Java 中，class 是一个关键字，用来定义一个类在 class 关键字前的 public 也是一个关键字，它用来说明这个类是公共的。在 Java 中，一个源文件中只可以有一个公共类，源文件的名字必须和这个公共类的名字相一致。因此我们把源文件定名为 HelloJava.java。"class HelloJava"称之为类声明，之后的第一个大括号和最后一个大括号之间的内容叫类体。

一个 Java 应用程序必须有一个类含有 public static void main(String[] args)方法，这个类叫做应用程序的主类。main 方法是应用程序的入口，它接受一个字符串数组类型的参数 args。args 参数包含有用户调用这个 Java 应用程序时，传递进来的参数。在例 1-1 中，程序的主类就是 HelloJava，在它的 main 方法里，我们调用 System 类的静态成员变量 out 的 println 方法。out 静态成员变量代表系统的标准输出，一般指的是显示器。println 方法在标准输出中打印出一段话并换行。例 1-1 中，我们在显示器的命令行窗口打印出一段话 "Hello, JAVA!"。

假设我们把 HelloJava.java 保存在 C:\codes\chapter1 中，现在需要使用编译器对其进行编译。Windows 平台下，在"开始"菜单中选择"所有程序"，在"附件"中点击"命令提示符"，打开命令行窗口。使用 cd 命令切换到 C:\codes\chapter1 目录，在命令提示符中输入 dir，就能够看到我们保存的 Java 源文件 HelloJava.java，如图 1.8 所示。

图 1.8 命令行窗口界面

现在开始进行编译，在命令提示符中输入"javac HelloJava.java"并按"回车"键，然后在命令提示符中输入 dir，能够看到 Java 编译器生成的字节码文件 HelloJava.class。如图 1.9 所示。

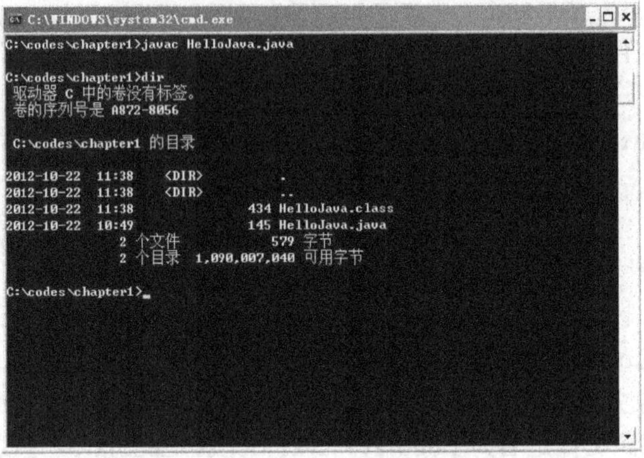

图 1.9　Javac 编译结果

有了 .class 字节码文件，就可以运行程序了。Java 应用程序必须通过 Java 虚拟机 java.exe 来解释执行字节码。因此在.class 字节码文件所在的目录中，输入"java HelloJava"就可以看到刚才编译的 Java 应用程序输出的结果。注意使用 java.exe 解释执行字节码时，命令行参数是主类名，而不是 .class 文件的名字，因此"java HelloJava.class"是错误的。HelloJava 的运行结果如图 1.10 所示。

图 1.10　程序在主屏幕上输出"Hello, JAVA！"

祝贺你！你的第一个 Java 程序能够工作了！

1.4.2　使用 JDK 开发 Java Applet

Java Applet 和一般的 Java 应用程序的区别在于它生成的字节码文件是由浏览器加载运行的。我们的第一个 Java Applet 简单的在浏览器上用红色字体显示问候语"Hello, JAVA！"。

【例 1-2】 在浏览器上用红色字体显示问候语"Hello,JAVA!"。

```
import java.applet.*;
import java.awt.*;
public class HelloJavaApplet extends Applet
{
    public void paint(Graphics g)
    {
        g.setColor(Color.red);
        g.drawString("Hello, JAVA!",16,30);
    }
}
```

首先和例 1-1 的步骤类似，打开编辑器，输入如例 1-2 所示的代码。然后把代码保存为 HelloJavaApplet.java。一个 Java Applet 主类不需要 main 方法，但它必须是 Applet 类的子类。因此在例 1-2 中，通过 extends 关键字，类 HelloJavaApplet 继承了 Applet 类。在源文件中一开始使用了两个 import 语句包含了 Applet 编程必须使用的两个包：java.applet 是进行 Applet 编程必须使用的包；java.awt 包是进行 Java 图形界面编程必须使用的包。关于包的概念，我们在后续章节还会详细讲解。由于 Applet 需要使用其中的一些类，所以也必须把它包含进来。Applet 类中最重要的方法就是 paint 方法，这个方法支持在浏览器上绘画图形界面元素。在 HelloJavaApplet 类中重载了 Applet 类的 paint 方法，在其中使用图像类 Graphics 的实例参数 g 的 setColor 方法把前景色设为红色，然后在浏览器上用 drawString 方法输出了字符串"Hello, JAVA!"。

假设我们把 HelloJavaApplet.java 保存在 C:\codes\chapter1 中，在命令提示符中输入"javac HelloJavaApplet.java"并按"回车"键，就能生成对应的字节码文件 HelloJavaApplet.class。浏览器不能够解释 Java 字节码，只能够解释 HTML 代码。因此必须使用<applet>标签通知浏览器调用外部的 Java 解释器解释 Java 字节码，然后再把运行后的结果渲染在浏览器上。

【例 1-3】 包含有<applet>标签的 HTML 文件代码示例。

```
<html>
<head>
    <title>HelloJavaApplet</title>
</head>
<body>
    <applet  code=HelloJavaApplet.class  height=150  width=300>
    </applet>
</body>
</html>
```

将例 1-3 所示代码保存为 HelloJavaApplet.html，把它和 HelloJavaApplet.class 放在同一个目录。在上述代码中，最重要的是<applet>标签。在<applet>标签中，通过 code 参数指明要执行的 Applet 字节码文件。现在可以使用浏览器打开 HelloJavaApplet.html 来运行 Java

Applet。运行结果如图 1.11 所示。

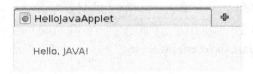

图 1.11　在浏览器中运行 JavaApplet

1.4.3　使用 Eclipse 开发 Java 应用程序

为了使用 Eclipse 开发 Java 应用程序，需要安装 Eclipse IDE 和 Java JDK。Eclipse 主站提供了 JDK 和 Eclipse 的捆绑包，可以登录到 http://www.eclipse.org/downloads 免费下载。安装完捆绑包后，Eclipse IDE 和 JDK 都已经安装在系统上且都已经配置好。我们将在 Eclipse IDE 上通过编译运行例 1-1 所示的源代码来演示如何在集成开发环境中进行 Java 应用程序的开发。

首先我们需要创建 IDE 工程。启动 Eclipse IDE，然后选择"File"菜单中的"New"子菜单，选择"Java Project"，如图 1.12 所示。使用 IDE 工程可以免去通常我们使用 JDK 时与 Java 编译器和 Java 虚拟机相关的配置工作。通过使用 Eclipse IDE 提供的快捷键或工具栏按钮，可以一次性的完成编译和运行任务。选择"Java Project"将会打开 New Java Project 向导。在 New Java Project 向导中，命名项目的名字为 HelloJava，去除勾选"Use default location"前的复选框。输入项目路径为 C:\codes\chapter1\1.1\HelloJava，并点击下方的"Finish"按钮，如图 1.13 所示。

图 1.12　在 Eclipse 中新建项目

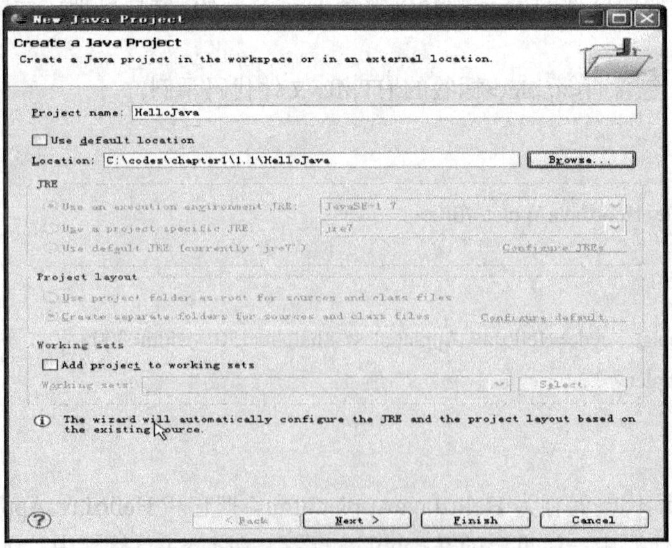

图 1.13　新建项目向导中的选择项目页面

第 1 章　Java 语言概述

在这个例子里，我们把项目命名为 HelloJava，点击"Finish"按钮后，Eclipse 将为我们创建 HelloJava 工程。在创建 HelloJava 工程后，再选择"File"菜单中的"New"子菜单，选择"Class"，打开"New Java Class"向导。在 New Java Class 向导中，指定 Name 为 HelloJava，设定它为 public，勾选"public static void main(String[] args)"前的复选框，然后点击"Finish"按钮，创建主类 HelloJava，如图 1.14 所示。

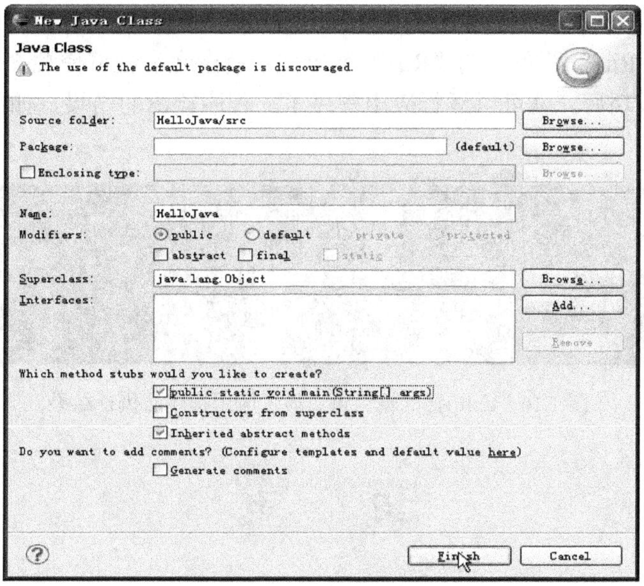

图 1.14　创建主类 HelloJava

现在工程和主类都已经创建好并且在 IDE 中打开，如图 1.15 所示，可以在 Eclipse 界面上看到如下子窗口：

(1) 项目子窗口：包含工程组件的树形视图，包括源文件、代码依赖的库等。

图 1.15　打开了 HelloJava 工程的 Eclipse IDE

(2) 源文件编辑窗口：其中打开了名为 HelloJava.java 的源文件。
(3) 状态窗口：在其中可以在被选中类的元素之间快速移动。

在源文件编辑窗口中，你会注意到 HelloJava.java 中已经包含了框架代码，在 main 方法中添加以下命令行：

　　System.out.println("Hello, JAVA!");

就可以把"Hello, JAVA!"的字符串输出代码加入到框架代码中，然后我们就可以编译源文件了。选择"Run"菜单上的"Run"菜单项，就会在后台编译源文件，生成对应的字节码文件。编译成功后，就可以运行应用程序了。程序输出的结果，如图 1.16 所示。

图 1.16　Eclipse 的输出窗口显示应用程序的执行结果

习　题

一、问答题

1. Java 语言最初是由哪家公司推出的？现在由哪家公司负责管理？
2. 在 Windows 系统上编译的 Java 应用程序，能运行在 Linux 系统上吗？
3. "Java 语言具有自动垃圾回收机制，能够自动回收应用程序不再使用的内存"，这句话正确吗？
4. 根据应用的不同，Java 平台被分为哪几个版本？
5. "一个 public 类的名字必须和包含它的 Java 源文件名字相同"，这句话正确吗？
6. "JDK 中包含有 Java 运行时环境，也即 JRE"，这句话正确吗？
7. 请简述开发一个 Java 应用程序的基本过程。
8. 请列举两种常用于 Java 开发的集成开发环境，并比较它们的优劣。
9. "Java Applet 的字节码文件是由浏览器加载运行的"，这句话正确吗？
10. "在 Windows 系统中，Java.exe 是 Java 编译器"，这句话正确吗？

二、编程题

1. 参照例 1-1 编写一个 Java 应用程序，程序能在命令行中输出"这是我的第一个 Java 应用程序！"。
2. 参照例 1-2 编写一个 Java Applet 程序，程序能在浏览器中显示"这是我的第一个 Java Applet 程序！"。

第 2 章 数据类型、运算符、表达式和语句

2.1 标识符和关键字

程序员对程序中的各个元素(例如变量、常量、类名等)命名时使用的命名记号称为标识符(identifier)。Java 语言使用 Unicode 字符集,标识符是以字母、下划线"_",美元符"$"开始的一个字符序列,后面可以跟字母、下划线、美元符号、数字。标识符长度不限,大小写敏感。例如:a_1, $b2, _c$3 都是正确的标识符。

关键字是 Java 语言中已经被赋予特定含义的一些单词,具有专门的意义和用途,不能当作一般的标识符,也被称为保留字。Java 中的关键字(均用小写字母表示)如下:abstract,break, byte, boolean, catch, case, class, char, continue, default, double, do, else, extends, false, final, float, for, finally, if, import, implements, int, interface, instanceof, long, native, new, null, package, private, protected, public, return, switch, synchronized, short, static, super, try, true, this, throw, throws, transient, volatile,void, while。

2.2 基本数据类型

Java 的数据类型如图 2.1 所示。

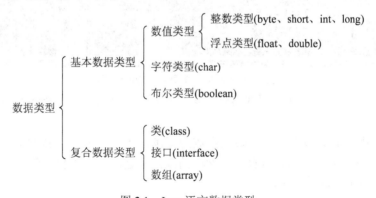

图 2.1 Java 语言数据类型

2.2.1 整型数据

整型数据包括整型常量和整型变量。整型数据在机器中用补码表示,最高位为符号位。

整型常量分为三种:十进制整数、八进制整数和十六进制整数。其中,八进制整数以 0 开头;十六进制整数以 0x 或 0X 开头。比如整数 128,十进制表示为 128,八进制表示为

0200,十六进制表示为 0x80 或 0X80。

整型变量分为四种:byte、short、int 和 long。它们各自所占位数及取值范围如表 2.1 所示。

表 2.1 整型变量类型

数据类型	所占位数	数的取值范围
byte	8	$-2^7 \sim 2^7-1$
short	16	$-2^{15} \sim 2^{15}-1$
int	32	$-2^{31} \sim 2^{31}-1$
long	64	$-2^{63} \sim 2^{63}-1$

注意:

(1) 两个整数相加,结果默认转化为 int,赋值给 byte 或 short 时会发生类型转化问题。

【例 2-1】 两个 byte 类型数据相加。

```
package Example2_1;
class Example2_1{
    public static void main (String[] args) {
        byte n=1;
        byte m=2;
        byte s=n+m;
    }
}
```

编译效果如图 2.2 所示。

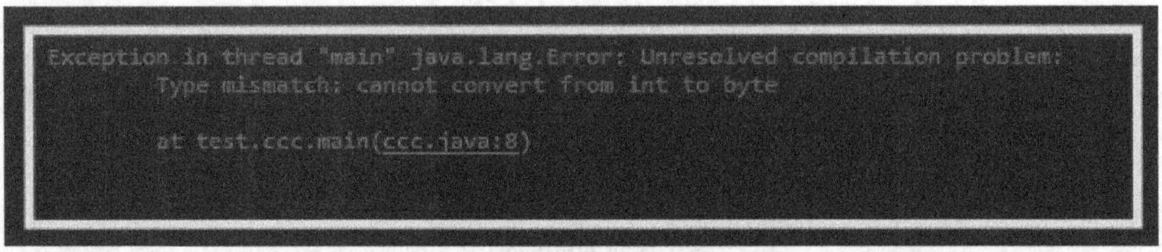

图 2.2 两个 byte 类型数据相加的编译效果

必须将 n + m 的结果进行显式转化,第 6 行程序改成 byte s = (byte)n + m,编译才能通过。

(2) 在选用整数类型上,一定要注意数的范围,否则可能由于数的类型选择不当而造成溢出,例如下面的代码 add 就存在着潜在的溢出问题,从而为程序带来错误(bug)。

```
public int add(int a, int b){
    return a+b;
}
```

(3) 对于 long 类型整数常量,书写时应在数字后加 "l" 或 "L"。

2.2.2 浮点型数据

浮点型常量分为两种:float 型和 double 型。使用时要注意:float 型常量后必须加 "f"

或"F"，double 型常量后可以加"d"或"D"或什么都不加(缺省默认方式)。浮点型数据有两种表示方法：

(1) 十进制数形式：由数字和小数点组成，且必须有小数点，如 0.123，1.23，123.0；

(2) 科学计数法形式：如：123e3 或 123E3，其中 e 或 E 之前必须有数字，且 e 或 E 后面的指数必须为整数。

浮点型变量也分为两种：float 型和 double 型，其数据特点如表 2.2 所示。

表 2.2 浮点型变量类型

数据类型	所占位数	数的取值范围
float	32	1.4E-45～3.4E+38
double	64	4.9E-324～1.7E308

2.2.3 布尔型数据

布尔型数据只有两个值 true(真)和 false(假)，其默认值为 false。布尔型变量的定义如：
    boolean b=true;

使用时要注意，布尔型数据不能和其他类型数据(包括数值型)进行相互转换，boolean 类型只允许使用 boolean 值。

2.2.4 字符型数据

Java 使用 Unicode 字符集，这种字符集中每个字符用二个字节即 16 位表示。字符型常量是用单引号括起来的一个字符，如 'b'，'1'，或是单引号所引的转义字符(常见的转义字符见表 2.3)，或是形如 '\u????' 的 Unicode 形式的字符，其中 '????' 应严格按照四个十六进制数字进行替换，例如 char c = '\u31100' 是错误的，而 char c = '\u2abc' 是正确的。

表 2.3 转 义 字 符

引用方法	对应的 Unicode 编码	表示的意义
'\b'	'\u0008'	退格
'\t'	'\u0009'	水平制表符 tab
'\n'	'\u000a'	换行
'\f'	'\u000c'	表格符
'\r'	'\u000d'	回车
'\"'	'\u0022'	双引号
'\''	'\u0027'	单引号
'\\'	'\u005c'	反斜线

字符型变量只有一种：char 类型，它在机器中占 16 位，其范围为 0～65 535。使用时要注意：字符型变量实际上是一个数字，因此它可以赋值给一个数，例如 float f ='a'; int i='a' 等式子都是正确的。

【例 2-2】 简单数据类型举例。

```
public class Example2_2 {
    public static void main (String args [ ] ) {
        byte a=100;              //定义整型变量 a，且赋初值为 100
        short b=1000;            //定义整型变量 b，且赋初值为 1000
        int c=10000;             //定义整型变量 c，且赋初值为 10000
        long d=100000L;          //定义整型变量 d，且赋初值为 100000
        float e= 5.12f ;         //指定变量 e 为 float 型，且赋初值为 5.12
        double k= 5.12 ;         //指定变量 k 为 double 型，且赋初值为 5.12
        double g=5.12d;          //指定变量 g 为 double 型，且赋初值为 5.12
        boolean h= true ;        //指定变量 h 为 boolean 型，且赋初值为 true
        char j ;                 //定义字符型变量 j
        j= 'a' ;                 //给字符型变量 j 赋值'a'
    }
}
```

2.3 基本数据类型之间的转换

Java 语言为数据类型提供了两种转换方法：自动转换和强制转换。自动转换由编译系统实现，强制转换由用户编程实现，再由系统执行。

2.3.1 自动转换

不同类型数据间的优先关系如下：

低-->高

byte→short→char→int→long→float→double

自动转换是指编译系统可自动将低优先级数据类型转换为高优先级数据类型。各种数据类型的转换规则见表 2.4。

表 2.4 Java 语言自动类型转换规则表

数 据 类 型	可以自动转换得到的数据类型
char	int
byte、short	int
byte、short、int	long
byte、short、int、long	float
byte、short、int、long、float	double

2.3.2 强制类型转换

高优先级数据要转换成低优先级数据，需用到强制类型转换，其转换格式为

(类型名)(数据或表达式)

例如：

  int x;

  short a=(short)x; /*把 int 型变量 x 强制转换为 short 型*/

2.4 数 组

2.4.1 数组的概念

数组是相同类型的数据按顺序组成的一种复合数据类型，通过数组名加数组下标来使用数组中的数据，下标从 0 开始。

数组元素的数据类型可以是 Java 的任何数据类型，例如：基本类型(int、float、double、char 等)、类(class)或接口(interface)等。

2.4.2 数组的声明和创建

声明数组就是要确定数组名、维数和元素的数据类型。

声明一维数组有两种方式：

  类型标识符 数组名[]；

  类型标识符[] 数组名；

例如：int abc[]; String[] example; myClass[] mc；

声明二维数组也有两种方式：

  类型标识符 数组名[][]；

  类型标识符[][] 数组名；

创建数组要给出数组长度并分配空间。一维数组的创建格式如下：

  数组名=new 类型标识符[大小]；

二维数组的创建格式如下：

  数组名=new 类型标识符[大小][大小]；

数组的声明和创建也可以合为一步，如下所示：

  类型标识符 数组名[]=new 类型标识符[大小]；

  类型标识符 数组名[][]=new 类型标识符[大小] [大小]；

2.4.3 数组的初始化和赋值

数组的初始化有两种方式：

(1) 静态初始化：直接在声明的时候使用初始化表给数组的全部或部分元素赋初值。

例如：

  int[] a = {3,4,5,6}；float b[5]={1.0，2.0}；

(2) 动态初始化：使用赋值表达式给数组的各个元素赋值。

例如：
```
int a[]=new int[2];
  a[0]=1;
  a[1]=2;
  a[2]=3;
```
每个数组都包含一个成员变量 length，它是在初始化时设定的数组大小。我们可以在数组名后加.length 来访问该变量。例如，用 a.length 可以获取数组 a 的大小。

【例 2-3】 一维数组应用举例：在给定的一维数组中找出最大值和最小值。

```
public class Example2_3 {
    public static void main (String args [ ] ) {
        int a[]={101,99,102,98,103,100};
        int max=a[0],min=a[0];
        for(int i=1;i<a.length;i++){
            if(a[i]>max)
                max=a[i];
            if(a[i]<min)
                min=a[i];
        }
        System.out.print("数组 a 的各元素为：");
        for(int i=0;i<a.length;i++){
            System.out.print(a[i]+" ");
        }
        System.out.println();
        System.out.println("数组 a 的最大值为："+max);
        System.out.println("数组 a 的最小值为："+min);
    }
}
```

程序运行结果如图 2.3 所示。

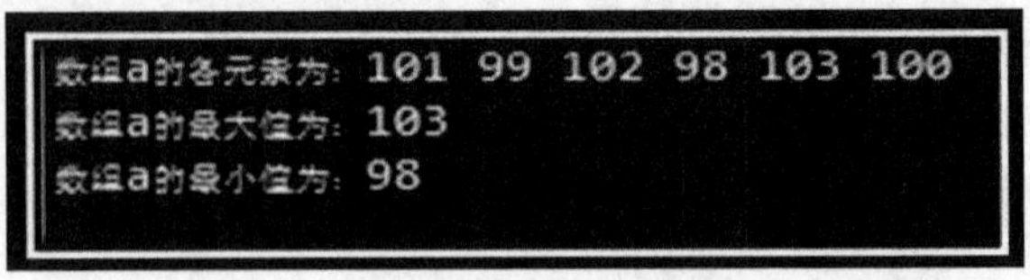

```
数组a的各元素为：101 99 102 98 103 100
数组a的最大值为：103
数组a的最小值为：98
```

图 2.3 一维数组应用举例

2.5 运算符与表达式

对各种类型的数据进行加工的过程称为运算，表示各种不同运算的符号称为运算符，参与运算的数据称为操作数。Java 语言运算符如图 2.4 所示。

第 2 章 数据类型、运算符、表达式和语句

运算符 {
　算术运算符(+、-、*、/、%、++、--、+、-)
　关系运算符(==、!=、>、>=、<、<=)
　逻辑运算符(&&、||、!)
　位运算符(&、|、~、^、>>、<<、>>>)
　赋值运算符(=、+=、*=、/=、%=、&=、|=、^=、>>=、<<=、>>>=)
　条件运算符(?:)
　其他运算符(.、[]、instanceof、new)
}

图 2.4　Java 语言运算符

表达式是用运算符把操作数连接起来的式子，可分为算术表达式、关系表达式、逻辑表达式、赋值表达式、条件表达式。

2.5.1 算术运算符和算术表达式

算术运算符如表 2.5 所示。算术表达式是由算术运算符和位运算符将操作数连接组成的表达式，例如：x+y%z。

表 2.5　算 术 运 算 符

算术运算符		具体描述	例　子
单目运算符	+	正数	+x
	-	负数	-x
	++	自增	++x 或 x++
	--	自减	--x 或 x--
双目运算符	+	加法	x+y
	-	减法	x-y
	*	乘法	x*y
	/	除法	x/y
	%	取余数	x%y

注意：
(1) 两个整数类型的数据做除法时，结果只保留整数部分。
(2) 整数和浮点数都能进行取余运算。
(3) "/"运算符，当都为整数时，结果为整数，有一个为浮点，则为浮点数。
(4) 自增、自减运算符只适用于变量，且位于运算符的不同侧有不同效果。例如假设 int i=3, j=4，作 j=i++ +j+ ++i 运算后，i 的值为 5，j 的值为 12。

2.5.2 关系运算符和关系表达式

关系运算符都是双目运算符，具体内容如表 2.6 所示。利用关系运算符连接的式子称为关系表达式，运算结果是一个布尔型数值：true(为真)或者 false(为假)。

表 2.6　关系运算符

关系运算符	具体描述	例子：假设 a = 1，b = 2	
		关系表达式	运算结果
==	等于	a==b	false
!=	不等于	a!=b	true
>	大于	a>b	false
>=	大于等于	a>=b	false
<	小于	a<b	true
<=	小于等于	a<=b	true

2.5.3　逻辑运算符和逻辑表达式

逻辑运算符见表 2.7。利用逻辑运算符将操作数连接的式子称为逻辑表达式。逻辑表达式参与运算的操作数都是布尔类型的，结果也是布尔类型。

表 2.7　逻辑运算符

	逻辑运算符	具体描述	举例	运算规则
单目运算符	!	非	!x	x 为 true 时,结果为 false，x 为 false 时，结果为 true
双目运算符 / 简洁逻辑运算符	&&	与	x&&y	x, y 都为 true 时，结果为 true；其他情况为 false
双目运算符 / 简洁逻辑运算符	||	或	x||y	x, y 都为 false 时，结果为 false；其他情况为 true
双目运算符 / 非简洁逻辑运算符	&	与	x&y	x, y 都为 true 时，结果为 true；其他情况为 false
双目运算符 / 非简洁逻辑运算符	|	或	x|y	x, y 都为 false 时，结果为 false；其他情况为 true

注意：

利用"&&"和"||"执行操作时，如果从左边的表达式中得到的操作数能确定运算结果，则不再对右边的表达式进行运算；利用"&"和"|"执行操作时，左右两边的表达式都会进行运算。采用"&&"和"||"的目的是为了加快运算速度。

【例 2-4】逻辑运算符应用实例。

```
public class Example2_4{
    public static void main(String[] args){
        boolean b;
        int i=5;
        b=i>10 & methodB(1);
        b=i>10 && methodB(2);
    }
    public static boolean methodB(int k){
```

第 2 章 数据类型、运算符、表达式和语句

```
            int j=0;
            j+=k;
            System.out.println(j);
            return true;
        }
    }
```
程序运行结果如图 2.4 所示。

图 2.4 逻辑运算符举例

2.5.4 移位运算符

移位运算符都是双目运算符，具体内容如表 2.8 所示。

表 2.8 移 位 运 算 符

移位运算符	具体描述	举例	运 算 规 则
<<	左移	x<<n	x 各比特位左移 n 位，右边补 0
>>	右移	x>>n	x 各比特位右移 n 位，左边按符号位补 0 或 1
>>>	不带符号右移	x>>>n	x 各比特位右移 n 位，左边的空位一律填零

注意：

(1) 当 x 是 byte、short 或 int 类型数据时，系统总是先计算出 n%32 的结果 m，然后再进行 x 移位 m 的运算。

(2) 当 x 是 long 类型数据时，系统总是先计算出 n%64 的结果 m，然后再进行 x 移位 m 的运算。

2.5.5 位运算符

位运算符的具体内容见表 2.9。

例如：

　　int i = 0xFFFFFFF1;

　　int j = ~i;   //最高位取反后为正，j 值为 14，6 ^ 3 的结果为 5

表 2.9 位 运 算 符

位运算符		具体描述	举例	运 算 规 则
单目运算符	~	按位取反	~x	将 x 按比特位取反
双目运算符	&	按位与	x&y	x,y 按位进行与操作
	|	按位或	x|y	x,y 按位进行或操作
	^	按位异或	x^y	x,y 按位进行异或操作

2.5.6 条件运算符

条件运算符为三目运算符，其具体形式为

布尔表达式1？表达式2：表达式3(表达式2和表达式3的类型必须相同。)

条件运算符的执行顺序是：先求解表达式1，若值为true则执行表达式2，此时表达式2的值作为整个条件表达式的值，否则求解表达式3，将表达式3的值作为整个条件表达式的值。

在实际应用中，常常将条件运算符与赋值运算符结合起来，构成赋值表达式，以替代比较简单的if/else语句。条件运算符的优先级高于赋值运算符，结合方式为"自右向左"。

【例2-5】 条件运算符的应用实例。

```
public class Example2_5{
    public static void main(String[] args){
        int a[]=new int[5];
        int i=(a!=null)&&(a.length>0)?a.length:1;
        System.out.println("i="+i);
    }
}
```

程序运行结果如图2.5所示。

```
i=5
```

图2.5 条件运算符的应用

该程序等同于以下程序：

```
public class Example2_5{
    public static void main(String[] args){
        int a[]=new int[5];
        int i;
        if((a!=null)&&(a.length>0))
            i=a.length;
        else
            i=1;
        System.out.println("i="+i);
    }
}
```

2.5.7 赋值运算符和赋值表达式

Java语言中，赋值运算符是"="。赋值运算符的作用是将赋值运算符右边的一个数据或一个表达式的值赋给赋值运算符左边的一个变量。注意赋值号左边必须是变量(即没有

final 修饰的变量)。赋值运算符组成的表达式称为赋值表达式。赋值运算的另一种形式是复合赋值运算符连接起来的表达式，具体参见表 2.10。

表 2.10 复合赋值运算符

复合赋值运算符	具体描述	举 例	等效于
+=	加赋值	x+=y	x=x+y
-=	减赋值	x-=y	x=x-y
*=	乘赋值	x*=y	x=x*y
/=	除赋值	x/=y	x=x/y
%=	求余赋值	x%=y	x=x%y
<<=	左移赋值	x<<=y	x=x<<y
>>=	右移赋值	x>>=y	x=x>>y
>>>=	无符号右移赋值	x>>>=y	x=x>>>y
^=	位异或赋值	x^=y	x=x^y
&=	位与赋值	x&=y	x=x&y
|=	位或赋值	x|=y	x=x|y

2.5.8 运算符的优先级

运算符的优先级决定了表达式中不同运算执行的先后次序。优先级高的先进行运算，优先级低的后进行运算。在优先级相同的情况下，由结合性决定运算顺序。

最基本的规律是：域、括号和数组下标的运算优先级最高，接下来依次是单目运算、双目运算、三目运算，赋值运算的优先级最低。运算符的优先级具体见表 2.11。

表 2.11 运算符的优先级

优先级	运算符	描 述	结合性	目 数
1	.	域运算	自左至右	双目
	()	括号		
	[]	数组下标		
2	+	正号	自右向左	单目
	-	负号		
	++	自增		
	--	自减		
	~	按位非		
	!	逻辑非		
3	*	乘	自左向右	双目
	/	除		
	%	取余		

续表

优先级	运算符	描述	结合性	目 数
4	+	加	自左向右	双目
	-	减		
5	<<	左移	自左向右	双目
	>>	右移		
	>>>	无符号右移		
6	<	小于	自左向右	双目
	<=	小于等于		
	>	大于		
	>=	大于等于		
	Instanceof	确定某对象是否属于指定的类		
7	==	等于	自左向右	双目
	!=	不等于		
8	&	按位与	自左向右	双目
9	|	按位或	自左向右	双目
10	^	按位异或	自左向右	双目
11	&&	逻辑与	自左向右	双目
12	||	逻辑或	自左向右	双目
13	?:	条件运算符	自右向左	三目
14	=	赋值运算符	自右向左	双目
	+=	混合赋值运算符		
	-=			
	*=			
	/=			
	%=			
	&=			
	|=			

2.6 语 句

2.6.1 语句概述

Java 程序通过控制语句来执行程序流，完成一定的任务。

Java 中的控制语句主要有以下几类：

(1) 分支语句：if-else，switch。

(2) 循环语句：while，do-while，for。

(3) 跳转语句：break，continue，return。

2.6.2 分支语句

分支语句的执行流程为：根据条件表达式的值选择语句组的执行次序，符合条件表达式的语句组被执行，不符合条件表达式值的语句组被跳过不执行。

条件语句有以下四种基本类型。

1．if 结构

if 结构格式如下：
```
if(布尔表达式){
    语句组；
}
```

2．if…else 结构

if…else 结构格式如下：
```
if(布尔表达式){
    语句组 1；
}
else{
    语句组 2；
}
```

3．嵌套 if…else 结构

嵌套 if…else 结构格式如下：
```
if(布尔表达式 1){
    语句组 1；
}
else if(布尔表达式 2){
    语句组 2；
}
…
else if(布尔表达式 n){
    语句组 n；
}
else{
    语句组 n+1；
}
```

注意：

(1) if 括号中的结果应该为布尔值，否则编译不会通过，例如如果 x 与 y 是 int 类型，x=y 是赋值语句，其结果不是布尔值，不能充当布尔表达式；如果它们的类型本身为 boolean，则 x=y 可以充当 if 中的条件。

(2) 养成 if 后面无论是一句还是多句代码，都写{}的习惯。

【例 2-6】 if...else 结构的例子：用户从键盘输入成绩，程序判定该成绩的等级，其中：>=85："A"，>=75："B"，>=65："C"，>=60："D"，<60："F"。import java.util.*;

```
public class Example2_6{
    public static void main (String args[ ]){
        Scanner reader=new Scanner(System.in);
        double num=reader.nextDouble();
        String grade;
        if(num>=85) {grade="A";}
        else if(num>=75) {grade="B";}
        else if(num>=65) {grade="C";}
        else if(num>=60) {grade="D";}
        else {grade="F";}
        System.out.println("输入的成绩为："+num+"，"+"对应的等级为："+grade);
    }
}
```

程序运行结果如图 2.6 所示。

```
80
输入的成绩为：80.0，对应的等级为：B
```

图 2.6　if...else 结构的应用

4．switch 结构

switch 结构格式如下：

switch (表达式){

　　case 常量表达式 1：语句组 1

　　　　　　break；

　　case 常量表达式 2：语句组 2

　　　　　　break；

　　　　　⋮

　　case 常量表达式 n：语句组 n

　　　　　　break；

　　[default ：　语句组 n+1]

}

注意：

(1) 表达式的返回值类型必须是这几种之一：byte、short、int 和 char，其他类型都不允许。

(2) case 子句中的常量表达式 n 必须是常量，而且所有 case 子句中的值应是不同的。

(3) 语句块不需要用 { } 括起来。

(4) default 子句是可选的。

(5) break 语句用来在执行完一个 case 分支后，使程序跳出 switch 语句，即终止 switch 语句的执行(在一些特殊情况下，多个不同的 case 值要执行一组相同的操作，这时可以不用 break)。

(6) 可以使用 if...else 结构实现 switch 的所有功能，但是 switch 结构更加简练。

【例 2-7】 switch 结构的例子。

```java
public class Example2_7{
    public static void main(String[] args){
        System.out.println("x=0，累加后结果为：" +count(0));
        System.out.println("x=2，累加后结果为：" +count(2));
        System.out.println("x=3，累加后结果为：" +count(3));
    }
    public static int count(int x){
        switch(x){
            case 0:x++;
            case 1:x++;
            case 2:x++;
                    break;
            case 3:x++;
            case 4:x++;
            default:x++;
        }
        return x;
    }
}
```

程序运行结果如图 2.7 所示。

```
x=0，累加后结果为：3
x=2，累加后结果为：3
x=3，累加后结果为：6
```

图 2.7 swith 结构的应用

2.6.3 循环语句

循环结构的执行流程为：反复执行同一段代码，直到满足结束条件。循环语句一般包括初始化、循环体、迭代和判断四个部分。

Java 语言提供了以下三种循环结构。

1. while 循环

while 循环(又称"当型循环")的执行流程为：首先判断是否满足条件，若满足则执行循环体，如此重复执行，直到不满足条件。一般格式如下：

  [初始化]
  while(布尔表达式){
    循环体；
    循环变量控制；
  }

其流程逻辑关系如图 2.8 所示。

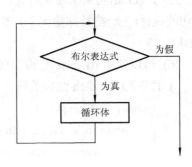

图 2.8　while 循环示意图

2. do…while 循环

do…while 循环(又称"直到型循环")的执行流程为：首先执行循环体，然后计算布尔表达式，若结果为 true，则继续执行循环体，直到布尔表达式的值为 false 为止。一般格式如下：

  [初始化]
  do {
    循环体；
    循环变量控制；
  } while (布尔表达式)

其流程逻辑关系如图 2.9 所示。

注意：布尔表达式中的结果应为布尔值，而不能为算术值。例如 while (y--) {x--;}

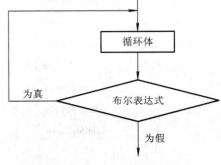

图 2.9　do...while 循环示意图

3. for 循环

for 循环的执行流程为：首先执行初始化操作，然后判断终止条件是否满足，如果满足，则执行循环体中的语句，最后执行迭代部分。完成一次循环后，重新判断终止条件。

一般格式如下：

  for(初值表达式(初始化)；布尔表达式(终止条件)；迭代表达式){
    循环体；
  }

其流程逻辑关系如图 2.10 所示。

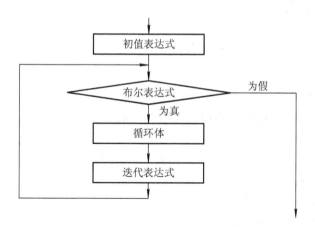

图 2.10 for 循环示意图

注意：
(1) 在"初值表达式"中可以申明作用域为该 for 循环的变量。
(2) "布尔表达式"为空时，相当于值为 true。
(3) "初值表达式"、"布尔表达式"以及"迭代表达式"部分都可以为空语句(但分号不能省)，三者均为空的时候，相当于一个无限循环。
(4) "初值表达式"和"迭代表达式"部分都可以使用逗号语句执行多个操作。
(5) 如果循环变量在 for 中定义，变量的作用范围仅限于循环体内。
(6) for 循环和 while 循环可以相互转换。

【例 2-8】 for 循环结构的例子：求 1 + 2 + 3 + ... + 100 的值。

```
public class Example2_8{
    public static void main(String[] args){
        int sum=0;
        for(int i=1;i<=100;i++)
            sum+=i;
        System.out.println("1+2+3+...+100="+sum);
    }
}
```

程序运行结果如图 2.11 所示。

图 2.11 for 循环结构例子

该程序等同于以下程序：

```
public class Example2_8{
    public static void main(String[ ] args){
        int sum=0;
```

```
            int i=1;
            while(i<=100){
                sum+=i;
                i=i+1;
            }
            System.out.println("1+2+3+...+100="+sum);
        }
    }
```

或等同于以下程序：
```
    public class Example2_8{
        public static void main(String[ ] args){
            int sum=0;
            int i=1;
            do{
                sum+=i;
                i=i+1;
            }while(i<=100);
            System.out.println("1+2+3+...+100="+sum);
        }
    }
```

2.6.4 跳转语句

Java 语言提供了四种跳转语句：break，continue，return 和 throw。

跳转语句的功能是改变程序的执行流程。break 语句可以独立使用，而 continue 语句只能用在循环结构的循环体中。

1. break 语句

break 语句的作用是退出 switch 语句或循环语句,并从紧接着该语句的第一条语句开始继续执行。break 语句通常有下述不带标号和带标号的两种形式：

　　break；

　　break　lab；

其中：break 是关键字；lab 是用户定义的标号。

注意：

(1) break 语句用在 switch 语句中，其作用是强制退出 switch 结构，执行 switch 结构后的语句。

(2) break 语句用在单层循环结构的循环体中，其作用是强制退出循环结构。若程序中有内外两重循环，而 break 语句写在内循环中，则执行 break 语句只能退出内循环。

(3) break lab 语句用在循环语句中，必须在外循环入口语句的前方写上 lab 标号，可以使程序流程退出标号所指明的外循环。

【例 2-9】 break 结构的例子。

```
public class Example2_9{
    public static void main(String[ ] args){
      int sum=0;
      boolean flag=false;
      System.out.println("1000 以内的素数有：");
      for(int i=2;i<=1000;i++,flag=false){
        for(int j=2;j<=Math.sqrt(i);j++){
            if(i%j==0){
                flag=true;
                break;
            }
        }
        if(flag==false){
            System.out.print(i+",");
            sum+=i;
        }
    }
    System.out.println();
    System.out.println("1000 以内的素数之和为："+sum);
    }
}
```

程序运行结果如图 2.12 所示。

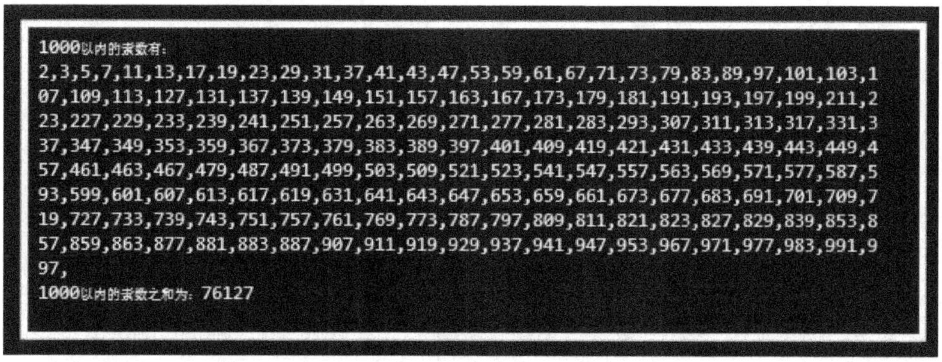

```
1000以内的素数有：
2,3,5,7,11,13,17,19,23,29,31,37,41,43,47,53,59,61,67,71,73,79,83,89,97,101,103,1
07,109,113,127,131,137,139,149,151,157,163,167,173,179,181,191,193,197,199,211,2
23,227,229,233,239,241,251,257,263,269,271,277,281,283,293,307,311,313,317,331,3
37,347,349,353,359,367,373,379,383,389,397,401,409,419,421,431,433,439,443,449,4
57,461,463,467,479,487,491,499,503,509,521,523,541,547,557,563,569,571,577,587,5
93,599,601,607,613,617,619,631,641,643,647,653,659,661,673,677,683,691,701,709,7
19,727,733,739,743,751,757,761,769,773,787,797,809,811,821,823,827,829,839,853,8
57,859,863,877,881,883,887,907,911,919,929,937,941,947,953,967,971,977,983,991,9
97,
1000以内的素数之和为：76127
```

图 2.12　break 语句例子

2. continue 语句

continue 语句的作用是跳过循环体内的 continue 语句后面还没有执行的语句，回到循环体的开始处重新执行下一轮循环。它有下述两种形式：

continue；

continue lab；

其中：continue 是关键字；lab 为标号。

注意：

(1) continue 语句也称为循环的短路语句。用在循环结构中，使程序执行到 continue 语句时回到循环的入口处，执行下一次循环，而使循环体内写在 continue 语句后的语句不执行。

(2) 当程序中有嵌套的多层循环时，为从内循环跳到外循环，可使用带标号的 continue lab 语句。此时应在外循环的入口语句前方加上标号。

3. 返回语句 return

return 语句从当前方法中退出，返回到调用该方法的语句处，并从紧跟该语句的下一条语句继续执行程序。

返回语句有两种格式：

　　return expression；

　　return；

return 语句通常用在一个方法体的最后，否则会产生编译错误，除非用在 if-else 语句中。

习　题

一、问答题

1. 简述 Java 标识符的命名规则。
2. Java 的数据类型分成哪两大类？并简述每类包含的具体类型。
3. 下面哪些语句不会产生编译错误？

　　char a=null;

　　boolean b=1;

　　byte c=300;

　　float d=1.3;

　　long e=Ox1ef;

　　double f=456.987

4. 计算下面 Java 表达式的值，并写出表达式结果的数据类型。

已知：byte a=8,b=2;

(1) b>>1;

(2) a<<1;

(3) a>b?--a;b++;

(4) (a<b*2)&&(b+10<=20)||!(a>5)

(5) (a>10)^(b>7)

5. 写出下面程序的输出结果。

　　int a=1,b=2;

　　if((a==0)&(b--))

```
        a=100;
    System.out.println(a+b);
```

6. 下面程序的运行后，结果是什么？
```
    int i=0,j=0;
    while(true)
    {
        if(++i+j++>20)
            break;
    }
    System.out.println("i="+i+",j="+j);
```

7. 有如下程序段：
```
    int j=100;
    switch(x)
    {
    case 1:j--;
        case 2:--j;
            case 3:j++;
                default:++j;
    }
```
现在假设 x 为 2，求以上程序运行后的结果。

8. 请写出下面程序的输出结果。
```
    int sum=0,k=1;
    for(int i=1;i<5;i++)
        for(int j=1;j<i;j++)
        {   k=i*j;
            if(k>10)
                {k=1;continue;}
            else
                sum+=k;
        }
    System.out.println("sum="+sum);
```

9. 下面程序片段输出的是什么？
```
    int x=10,y=0;
    do
    {
        if(x--<++y)
            break;
    } while(true);
    System.out.println("x="+x+",y="+y);
```

10. 下面程序运行后的结果是什么？
```
int i, j, temp;
int A[]={12,54,1,36,11,3};
    for (i=1; i<A.length; i++) {        //从第 2 个元素开始插入排序
        temp = A[i];
        for (j=i-1; j>=0; j--) {
            if (temp >= A[j]) break;//找到新元素位置
            A[j+1] = A[j];}
        A[j+1] = temp;
    }
    for(i=0;i<A.length;i++)
        System.out.println("A["+i+"]="+A[i]);
```

二、编程题

1. 某省居民电价分三个"阶梯"：月用电量 50 度以内的，电价为 0.538 元/度；用电量在 51 度至 200 度之间的，电价为 0.568 元/度；用电量超过 200 度的，电价为 0.638 元/度。编写程序，用户从键盘输入用电量，程序输出用户应缴纳的电费。

2. 编写程序：用户从键盘输入一个两位以上的正整数，程序逆序打印出其各位数字。(例如：用户输入 34567，程序输出 76543)

3. 编写程序：计算 100～500 之间有多少个素数，并输出所有素数。

4. 编写程序：有一序列 1，$\dfrac{3}{4}$，$\dfrac{4}{8}$，$\dfrac{5}{16}$，$\dfrac{6}{32}$，…求出这个数列的前 15 项之和。

第3章 类与对象

3.1 面向对象编程概念的介绍

使用面向过程的编程语言，如 C 和 Fortran，需要选择数据结构和设计算法，再把算法翻译成代码。而 Java 是一种面向对象的编程语言，它不仅具有面向过程编程语言的特点，而且通过抽象、封装、继承和多态增加了灵活性、模块性、清晰性和可重用性等极其有用的特性。

面向对象编程的核心思想就是将数据和对数据的操作封装在一起，放入称之为对象的实体中。什么是对象？在现实生活中，我们每时每刻都在与具体的对象打交道，比如我们身边的老师、同学、电脑、手机等都是对象。

现实生活中的对象都有两种特征：他们的状态和他们的行为。比如同一个班上的同学可以由他们的状态(姓名，学号，性别，年龄)和他们的行为(学习，运动，休息，交谈)刻画；我们常用的电脑也可以由它的状态(机箱，显示器，主板，CPU，内存)和它的行为(开机，关机，休眠，重启)刻画。知道了一个对象的状态和行为，就能够从一堆对象的集合中唯一的拣选出那个对象。抽象出现实生活中对象的状态和行为，就是进行面向对象编程的第一步。如果我们仔细观察身边的对象，我们会注意到，不同的对象，他们的状态和行为会存在很大的差别，比如你身边同学的状态和行为就和你所使用的电脑的状态和行为截然不同。有些对象，它有可能还包含有其它的对象，比如一辆汽车是一个对象，它的四个轮子也是一种对象。这些现实生活中观察到的例子都可以用面向对象编程的术语来描述。

面向对象编程中的"对象"，和现实生活中的对象在概念上是非常类似的。面向对象编程中的对象也有状态和行为。一个对象把它的状态保存在域中，通过方法表现对象所拥有的行为。对象的方法可以操作一个它自己的内部状态。方法是对象之间通信的主要手段。在面向对象编程中，我们应该隐藏一个对象的内部状态，对这个对象的内部状态的任何修改都只能通过对象对外提供的方法来完成，这就叫做封装。以电脑显示器为例子。显示器有一个内部状态叫做分辨率。我们可以提供一个方法来改变它的分辨率。这样使用者如何改变显示器的分辨率，实际上是由显示器决定的，不能够随心所欲。如果一个显示器的最高分辨率为 1024×768，而一个使用者试图把它的分辨率调整为 1600×1200，那么显示器可以在它的方法里面拒绝使用者的要求。

在现实生活中，许多对象实体都具有同样的类型。打比方说，在大街上你会看到许多和你所驾驶的小汽车拥有同样的商标、同样的外形、同样的颜色，但是由别人驾驶的小汽车。这些小汽车都是由同一个制造商按照同一份图纸制造，因此具有同样的部件。在面向对象编程理论中，我们把你的座驾称之为这种型号的小汽车的一个实例，而所有这种型号的小汽车称之为你的座驾所属的类。一个类就是在构建一个单独的对象时使用的模板，类模板描述一个对象所拥有的状态和行为，也即定义了一个对象的域和方法。

此外，我们还会注意到，不同种类的对象也会存在着共性。比如小汽车、自行车、电动车他们都是车，他们都共享着车所具有的性质，比如都有车轮，都能够行驶，都能够刹车等。但是除了这些共有的性质外，每一类车都有它们自己所特有的性质，比如小汽车有四个轮子，电动车以电力推动，自行车靠人力骑行等。在面向对象编程理论中，通过继承机制，允许一个类从另外一个类中继承一些共有的性质，然后再另外加入自己所特有的性质。比如"车"是小汽车、自行车、电动车的共性的抽象，我们可以把"车"称为小汽车、自行车、电动车的超类，而小汽车、自行车、电动车称为"车"的子类，它们都继承了车的性质，然后还加入了自己特有的性质。比如电动车会包括一个特有的成员——充电电池。继承可能是多层的，一类的超类，可能还有它自己的超类，多层的继承结构，会形成一个继承树。

从上述讨论中我们已经了解到，对象通过它们提供的方法定义了它们和外界交流的方式，换句话说，方法构成了对象和外部世界交互的接口。举例来说，键盘和鼠标就是你和你所使用的电脑的接口，你通过键盘和鼠标与隐藏在它们后面的 CPU、内存和主板打交道。点击鼠标右键，电脑显示器就会弹出右键菜单。在 Java 中，接口是一个重要的面向对象的概念，定义一个接口相当于规范了一个类所允诺提供的行为，接口构成了类和外部世界沟通的一个协议。在编译的时候，编译器可以通过检查一个类是否实现了一个接口来确认这个类是否遵守了它和外部世界所达成的交互协议。在 Java 中，如果一个类声明它将实现某个接口，那么它必须实现这个接口所定义的所有方法，否则这个类将无法通过编译。

在编程实践中引入面向对象的理论，有以下的好处：

(1) 模块化：可以独立的编写和维护一个对象的代码而不会和系统中的其它对象产生冲突。可以安全的在系统中传递对象而不用担心对象的内部状态受到非法的修改。

(2) 信息隐藏：只允许外界通过对象对外提供的方法访问对象，可以保证一个对象的内部实现细节对外是透明的。

(3) 代码重用：如果存在一个预先编写好的对象，就可以直接使用它，而无需进行二次开发。因为只要一个对象经过详细的测试，它就是安全的可被重用的。

(4) 易于调试：如果一个特定的对象被发现是有问题的，只需把它从系统中隔离开来，用另外一个没有问题的对象替换就可以了。这会大大降低调试的难度。

3.2 类声明和类体

如上所述，类是组成 Java 程序的基本要素。类封装了一个对象类别的状态和方法，它是用来创建对象的模板。类的基本格式如下：

```
class 类名{
    类体的内容
}
```

其中 class 是用来定义类的关键字，"class 类名"是类的声明部分。类体(括号之间的内容)包含从这个类创建的对象在整个生命周期所需要的代码，其中包括用于初始化新的对象的构造方法，用于提供类和从属于它的对象内部状态的域和实现了类及从属于它的对象的行为方法。

上述类的声明部分是最基本的。类声明还可以包含以下的信息：

(1) 类的访问限制符，如 public、private 等。

(2) 通过关键字 extends 声明父类的名字。注意在 Java 中的类只能有一个直接父类。

(3) 通过关键字 implements 声明所要实现的接口的名字，一个类可以实现多个接口，多个接口的名字之间以逗号分隔。

一个复杂的类声明的例子如下所示：

  public class Sun extends Father implements Playable, Workable{
   ……
  }

在这个例子里面，声明了一个公共类 Sun，它的父类是 Father，实现了两个接口 Playable 和 Workable。

习惯上，类名的第一个字母大写，当类名由几个单词复合而成时，每个单词的首字母大写。如"DateTime"、"AmercianCity"、"EuropeAndAsia"都是符合规范的类名。

类体中有两种类型的成员：

(1) 类中的成员变量，也称之为域，它们用来刻画对象的内部状态。

(2) 类中的方法，用来刻画对象对外提供的行为，其中有一类方法非常特殊，它们就是构造方法。构造方法给定类所创建的对象的初始状态，供类创建对象时使用。我们将在后续章节对构造方法进行详细的讨论。

其中成员变量，也即域，其声明依照顺序，由以下三部分组成：

(1) 零个或多个修饰符。如 public 修饰符就用来表明一个域是公共的。

(2) 域的数据类型。域的数据类型可以是 Java 中的任何一种数据类型，包括基本数据类型、对象和接口。

(3) 域的名称。域的名称遵循一般变量的命名规则和惯例。

而成员方法，其声明依照顺序，由以下六部分组成：

(1) 方法的访问限制符和其它的修饰符。如 public，private，static 等。

(2) 方法的返回类型，即方法返回值的数据类型。如果方法没有返回值，则标记为 void，这其中有一种例外，就是构造方法。构造方法没有返回值，即使标记为 void 也是不允许的。

(3) 方法的名称。方法的名称也遵循一般变量的命名规则和惯例，一般而言，其第一个单词应该是动词，第一个单词的首字母小写。而后续单词的首字母应该大写。

(4) 由圆括号括起来的，以逗号分隔的参数列表。

(5) 有可能抛出的异常的列表。

(6) 由一对大括号括起来的方法体的内容。

【例 3-1】 类的定义与应用示例。

```
public class Car{
    private double speed=80.0;
    private double weight=1.3;
    void setSpeed(double new_speed){
```

```
            speed=new_speed;
        }
        double getSpeed(){
            return speed;
        }
        void setWeight(double new_weight){
            weight=new_weight;
        }
        double getWeight(){
            return weight;
        }
        public static void main(String[] args){
            Car car=new Car();
System.out.printf("Speed: %f mph, weight: %f ton.\n",
                car.getSpeed(),
                car.getWeight());
                car.setSpeed(120.0);
                car.setWeight(1.5);
            System.out.printf("Now speed: %f mph, weight: %f ton.\n",
                car.getSpeed(),car.getWeight());
        }
    }
```

在例3-1中,给出了类Car的定义。类Car中两个私有的双精度类型域speed和weight,分别用来刻画一辆小车的速度和重量。在定义域时我们给定了它们的默认值。这辆小车的默认时速为80mph,默认重量为1.3吨。定义了两个方法setSpeed和setWeight,分别用来修改一个小车对象的速度和重量。另外定义了两个方法getSpeed和getWeight,分别用来获得这辆小车的速度和重量。由于speed和weight是私有的,getSpeed和getWeight方法是我们访问类Car实例的内部特征的唯一方法。main方法是一个静态的测试方法,也是应用程序运行的入口。

在类的定义中,方法是可以重载的。方法的重载是多态性的一种,指的是一个类中可以有多个方法具有相同的名字,但是这些方法的参数必须不同。还记得我们常用的命令行输出方法System.ou.println吗?它有以下的重载版本:

(1) println():直接换行。

(2) println(boolean x):输出一个布尔类型的数字然后换行。

(3) println(char x):输出一个字符然后换行。

(4) println(char[] x):输出一个字符数组然后换行。

(5) println(double x):输出一个双精度类型的数字然后换行。

(6) println(float x):输出一个单精度类型的数字然后换行。

(7) println(int x):输出一个整型数字然后换行。

(8) println(long x)：输出一个长整型数字然后换行。
(9) println(Object x)：输出一个对象然后换行。
(10) println(String x)：输出一个字符串然后换行。

需要注意的是：所谓的参数不同指的是参数的个数不同或者参数的类型不同，方法的返回类型和参数的名字不参与比较。比如以下两个方法不是重载，因为它们仅仅是返回类型不同：

    double getValue(int val);
    int getValue(int val);

以下两个方法也不是重载，因为它们只有参数的名字不同，而参数的类型和个数都相同：

    void outputStr(int x,int y);
    void outputStr(int a,int b);

3.3 构造方法与对象的创建和使用

在类的定义中，构造方法是一类特殊的方法，用于从类模板中创建对象。构造方法的声明和普通方法的声明类似，只是它们使用类的名称，而且没有返回类型。和类中普通方法的重载类似，Java 也允许一个类中有若干个构造方法，但是这些构造方法的参数必须不同，即参数的个数不同，或者参数的类型不同。Java 编译器可以根据构造方法的参数数量和类型来使用不同的构造方法，但是不能在一个类中使用两个参数个数和类型都相同的构造方法，这样会引起编译错误。

【例 3-2】 长方体类 Cuboid 的定义。

```
public class Cuboid{
    int height=20;
    int length=30;
    int depth=10;
    public Cuboid(){};
    public Cuboid(int h){
        height=h;
    }
    public Cuboid(int h,int l){
        height=h;
        length=l;
    }
    public Cuboid(int h,int l,int d){
        height=h;
        length=l;
        depth=d;
    }
}
```

在例 3-2 中，给出了类 Cuboid 的定义。长方体类 Cuboid 有三个域 height、length 和 depth，分别代表一个长方体的高、长和深，长方体的高、长和深的初值分别为 20、30 和 10。这个类里面提供了四个构造方法。第一个构造方法没有参数，将使用默认的高、长和深创建一个立方体；第二个构造方法允许在创建立方体时修改它的高度；第三个构造方法允许在创建立方体时修改它的高度和长度；第四个构造方法允许在创建立方体时同时修改它的高度、长度和深度。

需要注意的是，我们可以不为类提供任何的构造方法。如果一个类的代码没有提供构造方法，则在编译的时候，Java 编译器会为这个类提供一个没有参数的默认构造方法，这个默认构造方法不作任何域的初始化工作。但是如果我们为类提供了一个以上的构造方法，则在编译的时候，Java 编译器不再为这个类提供没有参数的默认构造方法。这在有的时候会引起混淆，所以强烈建议为每一个类都提供一个没有参数的默认构造方法。

当使用一个类创建一个对象时，我们也说给出了这个类的一个实例。创建一个对象包括了声明对象和为对象分配成员变量两个步骤。

对象声明的一般格式为：

    类名 对象名 1[,对象名 2,对象名 3,…];

如下面的两个例子：

    Cuboid cb;

    Car car1, car2, car3;

第一个例子声明了 Cuboid 类的对象变量 cb，第二个例子连续声明了三个 Car 类的对象变量 car1、car2 和 car3。

在第一章中我们已经知道，Java 取消了在 C/C++ 中容易产生的内存错误访问等问题的指针机制。但在 Java 中，对象变量是一种和指针变量很类似的变量。对象变量是一种"引用型"变量，和基本类型的变量完全不同。基本类型的变量中存放的是这个变量的值，但在对象变量中，存放的是引用对象实体的标志，即存放对象实体所在内存区域的首地址的地址号。当然，Java 中的引用型变量和 C/C++ 中的指针有着本质的区别。Java 中的引用型变量不能像指针变量那样随意的分配内存地址，或通过进行指针加减运算在内存中随意游走，因此也就不会导致在 C/C++ 中容易产生的内存错误访问等问题。

在声明了对象变量后，由于它是一种引用型变量，其中还没有引用任何对象实体，即没有存放任何对象实体所在内存区域的首地址的地址号。没有引用任何对象实体的对象变量称之为空对象变量。空对象变量不能使用，如果程序中使用了空对象变量，则在运行时会出现异常——NullPointerException。关于异常我们将会在第七章详细介绍。因此我们在声明对象变量后，要尽快的为对象变量分配对象实体。

所谓对象实体就是用类模板创建一个对象时，这个新建的对象所获得的内存区域。在 Java 中，使用 new 运算符和类的构造方法为新建的对象分配内存，为其中的域置初值，并把对这段内存的引用返回给对象变量，从而完成对象的实体化。new 操作符后面跟着的是类模板中某一个构造方法。比如：

    Cuboid cb=new Cuboid(5,10,15);

在这个例子中，使用 new 操作符通过调用 Cuboid 类(有三个参数)的构造方法，创建了一个 Cuboid 类的对象实体。并把这个对象实体的引用返回给对象变量 cb。

第 3 章 类 与 对 象

在创建对象之后，就可以通过对象变量操作它所引用的对象实体中的域，以及调用它所引用的对象实体中的方法来改变对象的内部状态。通过使用对象成员访问操作符"."，就可以实现对一个对象的成员变量和方法的访问。使用对象成员访问操作符"."访问成员变量的一般格式如下：

对象名.域名

例如以下代码就分别对 Cuboid 类的域 height 和 depth 置了初值：

cb.height=20;

cb.depth=50;

也可以使用对象变量调用一个对象实体的方法。把对象实体的方法名附加在对象变量之后，中间使用对象成员访问操作符"."连接。然后在小括号内提供方法执行所需的参数。如果这个方法不需要任何参数，则使用空括号就可以了。

【例 3-3】 新添加了成员方法和测试入口 main 方法的长方体类 Cuboid。

```java
public class Cuboid{
    int height=20;
    int length=30;
    int depth=10;
    public Cuboid(){};
    public Cuboid(int h){
        height=h;
    }
    public Cuboid(int h,int l){
        height=h;
        length=l;
    }
    public Cuboid(int h,int l,int d){
        height=h;
        length=l;
        depth=d;
    }
    public int calVolume(){
        return height*length*depth;
    }
    public static void main(String[] args){
        Cuboid cb=new Cuboid(10,15);
        cb.depth=5;
        System.out.printf("Volume of the Cuboid:%d\n",  cb.calVolume());
    }
}
```

在例 3-3 中，类 Cuboid 新添加了一个返回类型为整型的方法 calVolume 用来计算一个长方体的体积。在 main 方法中，通过调用 Cuboid 类中两个参数的构造方法，新建了一个 Cuboid 类的实体，并把实体的引用返回给对象变量 cb。然后通过对象变量 cb 把成员变量 depth 的值从默认值 10 修改为 5。最后通过调用 cb 对象的 CalVolume 方法算出了这个长方体的体积。例 3-3 的输出如图 3.1 所示。

```
Volume of the Cuboid:750
```

图 3.1 例 3-3 的输出结果

C++要求程序员跟踪通过 new 操作符创建的所有对象，并在不再需要的时候显式的销毁它们，这是非常容易出错的。Java 虚拟机提供了一个垃圾回收器，它定期地回收已经不再被引用的对象实体占用的内存。借助 Java 平台的垃圾回收机制，程序员可以创建任意数量的对象，且不必为销毁它们操心。但是 Java 虚拟机的垃圾回收器是自动选择执行回收任务的时机的，在某些情况下，Java 虚拟机的垃圾回收有一定的滞后性，会导致系统性能的下降。因此如果当对象变量已经没有使用价值的时候，建议通过显示将对象变量设置为特殊值 null 来销毁对象引用。

3.4 域/成员变量

从上述章节中，我们已经知道，类体中可以有两种类型的成员：域(即成员变量)和成员方法。成员变量用来刻画类所创建的对象的内部特征，成员变量又可以分为两种：实例变量和类变量。用关键字 static 修饰的成员变量称之为静态变量，也即类变量；不使用关键字 static 修饰的成员变量称之为实例变量。当从同一个类模板创建多个对象时，每个对象都拥有属于它自己的实例变量的副本，这是因为每一个对象都被分配一个独一无二的内存空间，而这些对象的实例变量所对应的实体位于这些内存空间内。因此修改一个对象的实例变量，不会影响另外一个对象的实例变量。但是有时候，我们也希望某些变量是从同一个类模板创建的所有对象共享的，这个时候我们就要使用类变量。一个类模板所创建的所有对象的类变量都被分配到同一个内存区域，修改其中一个对象的类变量，会影响其他由这个类模板创建的对象相应的类变量。

为什么修改一个对象的类变量，会影响其他由这个类模板创建的对象相应的类变量？这是因为类变量存放在和类模板相关联的内存空间，且只有一个副本。当 Java 应用程序在 Java 虚拟机中执行时，类的字节码会被读入到内存中，构建成类模板。通过类模板每创建一个新的对象实例，系统都会为这个新的对象实例分配一个内存空间，这个对象所拥有的实例变量就存放在这个内存空间中。而类变量由于只有一个副本，所以所有的对象共享着这些类变量。而且，类变量的存在与否和这些对象实例的存在与否是完全无关的。一个对象消亡了，它所拥有的所有实例变量也会随着自动垃圾回收而消失，但是类变量会一直存在。类变量所占据的内存空间直到程序运行结束才会被释放，因此，类变量是与类相关联的数据变量，它不仅可以通过某个对象访问，也可以直接通过类名访问。与之相反，实例变量是和特定的对象实例相关联的，只能通过对象变量访问。

【例 3-4】 Greet 类,用于生成一句话,这句话的开头是一句招呼语,然后告诉对方自己的名字。

```
public class Greet{
    public static String prefix;
    public String name;
    public Greet(String n){
        name=n;
    }
    public void    outputGreetingStr(){
        System.out.println(prefix+" my name is "+name);
    }
    public static void main(String[] args){
        Greet.prefix="Hi, nice to meet you!";
        Greet alice_greet=new Greet("Alice");
        Greet bob_greet=new Greet("Bob");
        alice_greet.outputGreetingStr();
        bob_greet.outputGreetingStr();
        alice_greet.prefix="Hey, guys,";
        alice_greet.outputGreetingStr();
        bob_greet.outputGreetingStr();
    }
}
```

图 3.2 例 3-4 的运行结果

Greet 类运行的结果如图 3.2 所示。

在 Greet 类中,用于打招呼的一句话记录在字符串类型的类变量 prefix 中,打招呼的人的名字记录在字符串类型的实例变量 name 中,name 的值在创建对象时由构造方法的参数传递进来。Greet 类提供了 outputGreetingStr 方法,用于输出打招呼的话,这句打招呼的话是由 prefix 和 name 两个字符串合成的。上述程序从 Greet 类的 main 方法开始执行。一开始的时候没有任何 Greet 类的对象实例,但是却可以直接通过 Greet 类访问类变量 prefix,把它的值设置为 "Hi, nice to meet you!"。然后我们创建了两个 Greet 类的对象 alice_greet 和 bob_greet,分别代表 Alice 和 Bob 的招呼语。在输出两个人的招呼语字符串后,通过以下语句:

alice_greet.prefix="Hey, guys,";

我们把类变量 prefix 改为了 "Hey, guys,",然后再输出两个人的招呼语字符串。从图 3.2 中可以看出,尽管我们是通过 alice_greet 修改类变量 prefix 的,但是 bob_greet 中的类变量 prefix 也被更改为了 "Hey, guys,"。

如果一个域被修饰符 final 修饰,它就变成了常量。所谓常量,也就是这个域的值是不能够被改动的。如果程序试图为一个常量重新赋值,则会导致编译错误。既然常量的值在编译时是已知的,那么 Java 编译器会在编译时,在每个常量该出现的地方,用常量的值替换掉该常量,因此常量不占用内存,这也意味着在声明常量的时候,必须给出它的初值。代码中常量的名字习惯上用大写字母表示,如果名称由一个以上的单词构成,那么使用下划线"_"分隔各个单词。例 3-5 给出了一个使用常量的类。

【例 3-5】 使用常量的类的例子。在这个例子里面,使用类常量 PI 记录了圆周率,这个圆周率被用于计算一个圆形的周长和面积。

```java
public class Circle{
    private static final double PI=3.1415926;
    private double radius;
    public Circle(double r){
        radius=r;
    }
    public double calPerimeter(){
        return 2*PI*radius;
    }
    public double calArea(){
        return PI*radius*radius;
    }
    public static void main(String[] args){
        Circle c=new Circle(10);
        System.out.printf("Perimeter:%f,Area:%f\n", c.calPerimeter(),c.calArea());
    }
}
```

3.5 成员方法

除了构造方法外,其它的成员方法又可以分类为类方法和实例方法。在方法声明中使用关键字 static 修饰的成员方法称之为静态方法或类方法,而不使用关键字 static 修饰的成员方法称之为实例方法。实例方法必须通过对象名来调用;而类方法既可以通过类名来调用,也可以通过对象名来调用。

一个类中的方法可以相互调用,在方法中可以访问这个类的成员变量。但需要注意的是,在实例方法中,既可以访问实例变量和实例方法,也可以访问类变量和类方法;但是在类方法中,只可以访问类变量和类方法,不允许访问实例变量和实例方法。为什么会存在这样的区别呢?这是因为,每个对象都拥有属于它们自己的实例变量的副本,而类变量是存放在和类模板相关联的内存空间中,类变量的存在与否和对象实例的存在与否是完全无关的。在调用类方法的时候,对象实例可能还不存在,因此这个对象实例所拥有的实例变量也不存在。如果允许类方法访问实例变量的话,那么类方法可能会访问尚未分配的内存区域,产生越界访问错误。而在调用实例方法的时候,它所隶属的对象实例已经存在,因此实例方法可以访问实例变量。正因为实例方法可以访问实例变量,所以如果允许类方法访问实例方法,间接地,也可能会导致类方法访问未分配的内存区域。所以,只有实例方法才允许访问一个对象的实例变量和其它的实例方法。

【例 3-6】 使用类方法和实例方法的例子。在这个例子里面,我们创建了一个 Student 类。Student 类里面有一个初值为 0 的类成员变量 number 用来记录学生的总数。这个类成员变量能通过类方法 getNumber 访问,而实例成员变量 name 用来记录每个学生的名字。Name 能通过实例方法 getName 访问。在测试代码中,创建了三个学生 Alice、Bob 和 Eve。然后把学生的总数和每个学生的名字打印出来。

```
public class Student{
    private static int number=0;
    private String name;
    public Student(String n){
        name=n;
        number++;
    }
    public static int getNumber(){
        return number;
    }
    public String getName(){
        return name;
    }
    public static void main(String[] args){
        Student s1,s2,s3;
        s1=new Student("Alice");
        s2=new Student("Bob");
        s3=new Student("Eve");
        System.out.printf("There are %d students.\n",Student.getNumber());
        System.out.println("Their names are:");
        System.out.println(s1.getName());
        System.out.println(s2.getName());
        System.out.println(s3.getName());
    }
}
```

Student 类的运行结果如图 3.3 所示。

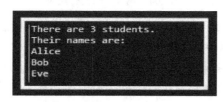

图 3.3 例 3-6 的运行结果

在定义成员方法的时候，给定的参数称之为"形式参数"，简称为"形参"。当调用成员方法的时候，如果成员方法有参数，则必须提供实际的参数。这种实际的参数简称为"实参"。实参具有确定的值，在调用方法的时候，实参的值传递给形参。在 Java 中，所有的参数传递都是"按值传递"，也即是说，方法中形参的值是传递进去的实参的值的一个副本。但是在 Java 中"按值传递"基本数据类型和对象数据类型参数，有着细微的区别，必须对其详细讨论。

3.5.1 "按值传递"基本数据类型参数

对于基本数据类型的实参，它是按值传递进方法内部的，也即是说，在方法内部对于参数的任何改动都只限于这个方法的作用域内。当从方法返回时，形参消失，它所占据的内存区域被释放，因此对参数所作的修改全部都会丢失。在方法执行完毕后，实参的值不受方法内部改动的影响。

【例 3-7】"按值传递"基本数据类型参数的例子。在这个例子里面，main 方法定义了一个局部变量 param，它的初值为 12。param 作为实参传递进方法 changeParam 中，在方法 changeParam 内部，形参 param 执行了自加操作。但是从程序的输出结果，我们会发现，形参所执行的自加操作，在方法执行结束后，并没有影响到 main 方法中的实参 param 的值。

```java
public class PassPrimitiveParam{
    public static void changeParam(int param){
        param++;
        System.out.printf("In method changeParam, the value of param is %d.\n", param);
    }
    public static void main(String[] args){
        int param=12;
        PassPrimitiveParam.changeParam(param);
        System.out.printf("In method main, the value of param is still %d.\n",   param);
    }
}
```

PassPrimitiveParam 类的运行结果如图 3.4 所示。

```
In method changeParam, the value of param is 13.
In method main, the value of param is still 12.
```

图 3.4 例 3-7 的运行结果

另外值得注意的是，向基本数据类型的形参所传递的实参值，它的级别不可以高于对应的形参的级别。比如可以传递一个 float 类型的实参值给一个 double 类型的形参，却不可以传递一个 float 类型的实参值给一个 int 类型的形参。如果必须要把高级别的实参值传递给低级别的形参，必须要在传值前进行强制类型转换，把实参值转换为形参的类型，否则就会发生编译错误。

3.5.2 "按值传递"对象数据类型参数

对象数据类型的实参也是按值传递进方法的，也即是说，在方法内部对于对象数据类型参数的任何改动都只限于这个方法的作用域内。在方法执行完毕后，实参的值不受方法内部改动的影响。但需要注意的是，正如我们在前面章节所提到的，对象变量是一种"引用型"的变量，在对象变量中，存放的是对象实体的引用。因此如果通过对象数据类型的形参，在方法内部对形参所引用的实体进行修改，其改动在方法执行完毕后会保留下来。但是，毕竟在 Java 中只有按值传递，没有按引用传递，因此如果直接修改对象变量类型的形参，比如说把一个新的对象实体的引用复制给对象数据类型的形参，则这种修改在方法执行完毕后不会被保留下来。

【例 3-8】 "按值传递"对象数据类型参数的例子。在这个例子里面，main 方法定义了一个 MyObject 对象类型的局部变量 mo，其初始的内部状态 innerStatus 为 12。mo 作为实参传递给方法 changeParam1 的对应形参 param。在方法 changeParam1 内部，通过形参 param 对对象实体的内部状态 innerStatus 执行了自加操作。从程序的输出结果，我们会发现，在方法执行结束后，main 方法中的实参 mo 的内部状态 innerStatus 确实由 12 变为了 13。但是与之相反的一个例子是，mo 作为实参也传递给方法 changeParam2 的对应形参 param。在方法 changeParam2 内部，创建了一个新的 MyObject 的实体，并把它的引用赋值给了形参 param，从程序的输出结果，我们会发现，在方法执行结束后，param 的改变并没有影响到 main 方法中的实参 mo。

```
class MyObject{
    int innerStatus;
    MyObject(int is){
        innerStatus=is;
    }
}
public class PassObjectParam{
    public static void changeParam1(MyObject param){
        param.innerStatus++;
        System.out.printf("In method changeParam1, the status of param is %d.\n", param.innerStatus);
    }
    public static void changeParam2(MyObject param){
        param=new MyObject(10);
        System.out.printf("In method changeParam2, the status of param is %d.\n", param.innerStatus);
    }
    public static void main(String[] args){
        MyObject mo=new MyObject(12);
        changeParam1(mo);
        System.out.printf("In method main, the status of mo is %d.\n", mo.innerStatus);
        changeParam2(mo);
```

System.out.printf("In method main, the status of mo is still %d.\n", mo.innerStatus);
        }
    }
PassObjectParam 类的运行结果如图 3.5 所示。

```
In method changeParam1, the status of param is 13.
In method main, the status of mo is 13.
In method changeParam2, the status of param is 10.
In method main, the status of mo is still 13.
```

图 3.5 例 3-8 的运行结果

3.6 this 关键字

this 是 Java 中一个重要的关键字，它代表对当前对象的一个引用，也即被调用的方法或构造器所隶属的对象。通过使用 this 关键字，可以在实例方法或构造方法中引用当前对象的成员变量或成员方法。必须注意的是，this 关键字不能出现在类方法中，这是因为在调用类方法的时候，对象实例可能还不存在，this 引用可能为空。

3.6.1 在实例方法中使用 this

在前面章节已经讨论过，在类的实例方法中可以访问类的成员变量。实际上，完整的在实例方法中访问成员变量的格式为：

　　this. 成员变量名

在不引起混淆的前提下，直接通过实例成员变量名就可以在实例方法中访问它们。但是在一个实例方法中，可能存在和实例成员变量同名的局部变量和参数，在这个时候，必须显式的使用 this 关键字访问实例成员变量，避免二义性。

【例 3-9】 在实例方法中使用 this 的例子。在这个例子里面，类 ThisTest 有两个私有成员变量 x 和 y，它提供了一个方法 setValues 为成员变量 x 和 y 赋值。但是由于这个方法的两个参数 x 和 y 与对应的成员变量同名，在这个方法的作用域里面，成员变量 x 和 y 被对应的参数所覆盖。因此必须显式使用 this 关键字来访问它们。

```
public class ThisTest{
    private int x;
    private int y;
    public void setValues(int x,int y){
        this.x=x;
        this.y=y;
    }
    public void outputValues(){
        System.out.printf("x=%d,y=%d\n",x,y);
```

        }
        public static void main(String[] args){
            ThisTest tt=new ThisTest();
            tt.setValues(5,6);
            tt.outputValues();
        }
    }
ThisTest 类的运行结果如图 3.6 所示。

图 3.6　例 3-9 的运行结果

3.6.2　在构造方法中使用 this

在构造方法中，和在类的实例方法中一样，可以通过 this 关键字显式的访问成员变量，以避免二义性。但是在构造方法中，this 关键字还有另外一个用途，就是可以使用 this 关键字调用同一个类中的另一个构造方法。但是必须注意的是，如果在构造方法中使用 this 关键字调用其它的构造方法，则这个语句必须放在构造方法实现语句中的第一行。

【例 3-10】　在构造方法中使用 this 的例子。在这个例子里面，Rectangle 类刻画了一个矩形。成员变量 x 和 y 代表这个矩形的左上角坐标，width 和 height 代表矩形的宽和高。它有两个构造方法。第一个构造方法接受四个参数，分别给 x、y、width 和 height 赋初值。由于这个方法的四个参数和对应的成员变量同名，因此在里面必须显式的使用 this 关键字访问成员变量。第二个构造方法接受两个参数，分别为 width 和 height 赋初值。左上角坐标取默认值(0，0)。因此在这个构造方法里面，通过 this(0，0，width,height)直接调用第一个构造方法完成初始化任务。

```java
public class Rectangle{
    private int x,y;
    private int width,height;
    Rectangle(int x,int y,int width,int height){
        this.x=x;
        this.y=y;
        this.width=width;
        this.height=height;
        System.out.printf("x=%d,y=%d,width=%d,height=%d\n", this.x,this.y,this.width,this.height);
    }
    Rectangle(int width,int height){
        this(0,0,width,height);
    }
```

```
public static void main(String[] args){
    Rectangle r=new Rectangle(100,200);
}
```
}

Rectangle 类的运行结果如图 3.7 所示。

```
x=0,y=0,width=100,height=200
```

图 3.7　例 3-10 的运行结果

3.7　访问权限

对于一个类而言，它的实例方法总是可以访问该类中的实例变量和类变量，调用该类中的实例方法和类方法；它的类方法总是可以访问该类中的类变量，调用该类中的其它类方法。但是一个类，是否可以使用另一个类的某一个成员变量或某一个成员方法呢？这是由访问权限修饰符决定的。

如果一个类的访问权限修饰符为 public，则这个类是公共的，在这种情况下，任何位置的任何类都可以访问这个类。在 Java 中，源文件也即 Java 文件的名字，必须与这个源文件中的公共类名一致。如果一个类没有访问权限修饰符，也是允许的。没有访问权限修饰符代表着这个类采用默认的访问权限，也即包私有访问权限。只有和这个类在同一个包中的类，才能够访问它。其它包中的类不能够访问具有包私有访问权限的类。(关于包的概念，我们将在 3.9 节讨论)

访问权限修饰符也可以用于修饰类中的成员方法和类中的成员变量。对于类中的成员来说，有三种访问权限修饰符：public、private 和 protected，对它们分别讨论如下。

3.7.1　public 访问权限修饰符

用关键字 public 修饰的成员变量和方法被称为公有变量和公有方法。对于公有变量和公有方法，在任何地方，都可以通过使用对象成员访问操作符"."访问它们。也即是，公有变量和公有方法无论在同一个类内部，处于同一个包的其它类里面，或者处于不同包的其它类里面，都可以被访问但需通过对象成员访问操作符。

3.7.2　private 访问权限修饰符

用关键字 private 修饰的成员变量和方法被称为私有变量和私有方法。对于私有变量和私有方法，只有在本类中创建的该类的对象才能访问自己的私有变量和私有方法，在另外一个类中创建的对象，是不能够访问该类的对象的私有变量和私有方法的。在编写一个类的代码的时候，如果不希望将来外部能够通过这个类生成的对象直接访问内部的成员变量和成员方法，就应该将其设置为私有的。在面向对象编程实践中，一个实体只应该对外暴露它希望外部知道的入口，而隐藏内部的属性，防止非法的访问。在 Java 中，类里面希望外部知道的入口应该被标记为 public，而需要隐藏的内部属性标记为 private，这是封装性的一种体现。

【例 3-11】 公有成员变量和私有成员变量的例子。在这个例子里面，实现了一个账户类 Account。Account 类中的属性 money 是内部属性，不希望出现外部的非法访问，因此 Account 类提供了两个公有方法 getMoney 和 setMoney 分别用来取得账户中的金额和修改账户中的金额。在测试类 Transaction 中，只能通过公有方法访问一个账户的内部金额，不能直接访问 money 属性。

```
class Account{
    private int money;
    public Account(int m){
        money=m;
    }
    public void setMoney(int m){
        money=m;
    }
    public int getMoney(){
        return money;
    }
}
public class Transaction{
    public static void main(String[] args){
        Account a1, a2;
        a1=new Account(100);
        a2=new Account(200);
        a1.setMoney(300);
        System.out.println("The money in Account a1 is:"+a1.getMoney());
        System.out.println("The money in Account a2 is:"+a2.getMoney());
    }
}
```

3.7.3 protected 访问权限修饰符

用关键字 protected 修饰的成员变量和方法被称为受保护的变量和受保护的方法。在不牵涉到继承的时候，有 protected 修饰符和无修饰符的作用是一样的。如果一个类继承了另外一个类，也即是说一个类是另外一个类的子类的话，那么它能够访问其父类的成员变量和成员方法，而无论这个类是否和其父类在同一个包中。

3.7.4 无修饰符

不用关键字 public、private、protected 修饰符修饰的成员变量和成员方法被称为友好的变量和友好的方法。一个类里面的友好变量和友好方法，能够被同一个包中的另一个类通过使用对象成员访问操作符"."访问，但是不能够被不在同一个包中的其他类访问。

3.8 嵌套类和内部类

Java 允许在一个类中定义另一个类，这样的类被称为嵌套类。而包含嵌套类的类被称为这个内部类的外部类。嵌套类是包含它的外部类的成员，因此嵌套类可以访问外部类的其他成员。值得注意的是，嵌套类不仅可以访问外部类的 public、protected 和受保护的成员，连 private 成员也是可以访问的。

嵌套类分为两种类型：静态的和非静态的。声明为 static 的嵌套类被称为静态嵌套类，而非静态嵌套类也被称为内部类。与类方法和类变量一样，静态嵌套类只和外部类相关，和由外部类生成的实例对象无关，因此静态嵌套类不能直接访问外部类中定义的实例变量和方法。另一方面，与实例方法和实例变量一样，内部类和包含它的外部类的一个实例相关联，内部类可以直接访问这个实例对象的变量和方法。但是值得注意的是，由于内部类是和外部类的实例相关联的，因此它不能定义任何静态成员，比如以下的例子：

```
class OuterClass{
    class InnerClass{
        …
    }
}
```

我们可以看到内部类 InnerClass 位于外部类 OuterClass 之内，因此它可以直接访问 OuterClass 的成员方法和成员变量。实例化内部类之前必须先实例化外部类，比如以下的例子：

```
OuterClass outerObj=new OuterClass(…);
OuterClass.InnerClass innerObj=OuterObj.new InnerClass(…);
```

【例 3-12】 内部类的例子。在这个例子里面，IDCollection 类封装了一个整数 ID 的集合。在 IDCollection 的初始化方法中，一个整数 ID 数组以及它的长度作为参数传递进来，保存在成员变量 ids 中。IDCollection 类中有一个内部类 IDIterator，用于从头到尾或从尾到头遍历 ID 集合。

```
public class IDCollection{
    private int[] ids;
    public IDCollection(int[] ids,int id_num){
        this.ids=new int[id_num];
        System.arraycopy(ids,0,this.ids,0,id_num);
    }
    public class IDIterator{
        private int id_num;
        public IDIterator(){
```

```
                id_num=ids.length;
            }
            public void first_to_last(){
                for(int i=0;i<id_num;i++)
                    System.out.printf("%d ",ids[i]);
                System.out.printf("\n");
            }
            public void last_to_first(){
                for(int i=id_num-1;i>=0;i--)
                    System.out.printf("%d ",ids[i]);
                System.out.printf("\n");
            }
        }
        public static void main(String[] args){
            int[] ids={1,3,5,7,9,11,13,15,17};
            IDCollection id_collection=new IDCollection(ids,ids.length);
            IDCollection.IDIterator id_iterator=id_collection.new IDIterator();
            id_iterator.first_to_last();
            id_iterator.last_to_first();
        }
    }
```

程序运行结果如图 3.8 所示。

```
1 3 5 7 9 11 13 15 17
17 15 13 11 9 7 5 3 1
```

图 3.8 例 3-12 的运行结果

3.9 包

  在编程工作中，我们可能经常会使用其他程序员提供的类和接口。很有可能出现这样的情况：我们使用的两个类或接口具有同样的名字。比如说，程序员 A 和 B 分别向我们提供了他们编写的同名类 Car。程序员 A 和 B 各自的 Car 都具有它们不可替代的特点，所以我们必须同时使用这两个类。但是 Java 不允许在同一个虚拟环境中使用两个同名类。由于程序员 A 和 B 的 Car 类都是早就封装好的，并且已经用于很多场合，所以我们不能要求他们更改他们自己类的名字。那该怎么办呢？Java 已经为我们提供了一种解决方案，那就是包的机制。

  在 Java 中，把一组相关的类和接口放在同一个包里面，以便程序员查找使用类和接口、避免命名冲突和实现访问控制。比如，我们常用的基础类都放在 java.lang 包中，而输入输出相关的类都放在 java.io 中。我们也可以把自己创建的类放在某个特定的包中。比如在刚才的例子中，程序员 A 的类都放在 PA 包中，而程序员 B 的类都放在 PB 包中，那么 PA.Car 和 PB.Car 就能够区分两位程序员所创建的 Car 类。像 PA.Car 这样的类名写法叫做一个类的完全限定名。我们前面曾经用过的用于接收用户输入的 Scanner 类，它的完全限定名就是 java.util.Scanner。

包是一种很有效的避免命名冲突的机制。但要让这种机制起作用，我们还需要保证不同程序员或机构将它们所编写的类放在不同的包中。因此命名一个包要遵循一定的惯例。在 Java 中，包的命名遵循如下的惯例：

(1) 使用小写字母命名包，以避免和类名或接口名发生冲突。

(2) 一家机构使用它的因特网域名的方向顺序形式作为它所创建的包的名称。比如深圳大学计算机与软件学院的域名是 csse.szu.edu.cn，则深圳大学计算机与软件学院学生所创建的类和接口应该放在限定名为 cn.edu.szu.csse 的包中。

(3) Java 语言本身的包使用 java.或 javax.作为开头。

3.9.1 创建包

要创建一个包，首先我们要按照包的命名惯例为包选择一个名字，然后把带有包名字的 package 语句放在这个包里面的所有的类和接口的源文件的开头位置。需要注意的是，package 语句必须放在源文件的第一行，且每个源文件只能有一个 package 语句。在编写一个类或接口的源代码时，也可以不使用 package 语句，这个时候，所编写的类或接口就包含在未命名的包中。一般来说，未命名的包只用在临时的应用程序开发中，如果是编写大型应用软件，应该为每一个类和接口都分配一个命名包。

【例 3-13】 创建包的例子。在这个例子里面，我们创建了一个公共类 PackageTest。这个公共类将放在包 cn.edu.szu.csse 中。值得注意的是，如果我们使用了包语句，那么在编译后生成的字节码文件必须放在如下的目录结构中：cn\edu\szu\csse。比如在这个例子里面，我们可以将编译后生成的字节码文件 PackageTest.class 放在对应的目录结构 c:\codes\chapter3\3.13\cn\edu\szu\csse 中。然后运行时，必须跳转到包名所对应的目录结构的上一级目录中，也即 c:\codes\chapter3\3.13 中，执行字节码文件。在执行字节码文件时必须给出完整的限定名，也即 java cn.edu.szu.csse.PackageTest。

```
        package cn.edu.szu.csse;
        public class PackageTest{
            public void test(){
                System.out.println("This is class PackageTest!");
            }
            public static void main(String[] args){
                PackageTest pt=new PackageTest();
                pt.test();
            }
        }
```

程序运行结果如图 3.9 所示。

图 3.9 例 3-13 的运行结果

3.9.2 使用包

如果使用同一个包里面的其它类，是不需要考虑包的限定名的。但是如果要使用另外一个包提供的类和接口，就要考虑如何告诉 Java 编译器找到你所需要使用的类了。其中一种办法是使用包中类和接口的完全限定名。如例 3-13 所定义的 PackageTest 类的完全限定名为 cn.edu.szu.csse.PackageTest。如果我们打算在 cn.edu.szu.csse 包外面使用这个类的话，我们就要这样写：

  cn.edu.szu.csse.PackageTest

  pt=new cn.edu.szu.csse.PacckageTest();

在不经常使用这样的类或接口的名字的情况下，使用完全限定名是很方便的。但是如果需要频繁的使用其它包中的类或接口，使用完全限定名就变得很麻烦，同时也会使得代码变得难以阅读。解决这个问题，我们就要使用 import 语句导入一个包中的所有成员或者某个特定的成员。

为了把某个包中的成员导入到当前的源文件，应该在源文件的开头，在 package 语句之后，其他任何语句之前放入 import 语句。下面的语句导入了 PackageTest 类：

  import cn.edu.szu.csse.PackageTest;

如果一个包中含有许多的类，而你又需要使用它们的话，就可以考虑导入整个包。要导入某个包中包含的所有类和接口，应该使用带有通配符(*)的 import 语句。如下面的语句导入了 cn.edu.szu.csse 包中的所有的类：

  import cn.edu.szu.csse.*;

在使用 import 语句导入一个包之后，就可以直接使用类或接口的名字来访问这个包中的类和接口。值得注意的是，如果使用 import 语句导入了一个包中所有的类，可能会增加编译的时间，但是不会影响 Java 程序运行的性能。这是因为 Java 运行时环境由 Java 虚拟机和 Java 程序运行时所需要的 Java 类库组成。在 Java 程序运行时，Java 运行时环境按需从 Java 类库中加载应用程序需要的类的字节码到内存中，而不会加载不需要的无关类。

习　题

一、问答题

1. 请叙述在面向对象编程语言中，类和对象之间的关系。

2. 请写出三个合乎规范的类名。
3. 请叙述构造方法和普通的成员方法之间的区别在哪里。
4. 请叙述类成员变量和实例成员变量之间的区别在哪里。
5. 为什么修改一个对象的类变量，会影响其它由这个类模板创建的对象的相应类变量？
6. 请问如果在代码中试图为一个常量重新赋值，会出现什么错误？
7. 为什么类方法不允许访问一个对象的实例变量和其它的实例方法？
8. 请叙述在 Java 中"按值传递"基本数据类型参数和对象数据类型参数的区别在哪里？
9. 请问如果通过对象数据类型的形参，在方法内部对形参所引用的实体进行修改。其改动在方法执行完毕后能保留下来吗？
10. 为什么 this 关键字不能出现在类方法中？
11. 请叙述包私有访问权限和 public 访问权限的区别。
12. 请问在内部类中，能定义静态成员变量吗？
13. 请叙述在 Java 中，包的命名惯例。
14. Tomcat 是一款著名的 Servlet 容器和 Web 服务器，它的开发站点域名为 tomcat.apache.org。按照 Java 包的命名惯例，存放 tomcat 源代码的包应该叫什么名字？
15. "import java.util.*"和"import java.util.Scanner"有什么不同？

二、编程题

1. 编写一个 Student 类，类中包含三个成员变量 name、sex 和 id。定义对应的方法对这三个成员变量进行修改和读取。
2. 编写一个 Circle 类，类中包含有常量 PI。该类创建的实例可以计算一个圆的圆周和面积。
3. 编写一个 TestCircle 类，在类中的 main 方法里面，创建两个 Circle 类的实例，分别输出它们的圆周和面积。
4. 编写一个 Class 类，类中包含有三个 Student 类的实例：张三、李四和王五。调用 Class 类的实例中的 getStudentNames 方法时，能够输出班中所有学生的名字。
5. 把 Class 类和 Student 类放进 cn.edu.szu.csse 包中。编写一个测试类，在源代码中用 import 语句引入 cn.edu.szu.csse 包中的所有类，并对它们所包含的方法进行测试。

第 4 章 继承与接口

4.1 子类与父类

在 Java 中，某个类可以从其他类中扩展出来，这种从另一个类中派生出来的类称之为子类。而被子类所派生的类称之为超类或父类。继承是一种从已有的类中创建新类的机制。利用继承，可以先创建一个包含有公共属性的抽象一般类，然后再在这个抽象一般类的基础上创建具有某些特殊属性的子类。子类继承了一般类的状态和行为，然后再根据需要增加它自己新的状态和行为。在 Java 中，除了所有类的公共父类 Object 以外，其他的类都有且只有一个直接的父类。这是因为 Java 是一种支持单继承的语言，在 Java 中，一个类不能拥有两个或两个以上的直接父类。在没有任何其他显式声明的直接父类的情况下，一个类被默认为是 Object 类的子类。一个类的父类可以从另一个类中派生出来，正如同人类的族谱一样。如果我们追寻一个类的继承结构，可以一直追寻这个类的父亲，父亲的父亲，也即这个类的祖父……一直延伸下去，最终我们会发现继承的链条会一直延伸到所有类的公共父类 Object。

无论子类位于哪个包中，都将会继承其父类的所有 public 和 protected 的成员变量和成员方法。而如果子类和父类位于同一个包，它还会继承父类的友好成员变量和友好成员方法。值得注意的是，子类是不能继承父类的初始化方法的。关于初始化方法在类继承中如何使用，我们将在后续章节中讨论。

在类的声明中，使用关键字 extends 来声明一个类是另外一个类的子类，例如：

```
class Son extends Father{
    …
}
```

声明了类 Son 是 Father 类的子类。如果一个类的声明中没有使用关键字 extends，这个类将会被默认是所有类的公共父类 Object 的子类。

【例 4-1】类继承的例子。在这个例子里面，类 Son 是类 Father 的子类，而类 GrandSon 是类 Son 的子类。Father 类中的成员变量 house_1_area 记录了父亲拥有的房子的面积；Son 类中的成员变量 house_2_area 记录了儿子拥有的房子的面积；Grandson 类中的成员变量 house_3_area 记录了孙子拥有的房子的面积。在测试类 ExtendTest 中，我们新建了一个 GrandSon 类的实例 gs，通过 gs，我们分别调用了属于父亲的 print_house_1_area 方法、属于儿子的 print_house_2_area 方法以及属于孙子他自己的 print_house_3_area 方法，把祖孙三代的屋子的面积都打印了出来。注意 GrandSon 类中只声明了 print_house_3_area 方法，其余两个方法都是从 Father 类和 Son 类那里继承下来的。在这个例子中我们用了另外一个关键字 super，关于 super 我们将在后续章节加以说明。

```java
class Father{
    int house_1_area;
    public Father(int h1a){
        house_1_area=h1a;
    }
    public void print_house_1_area(){
        System.out.println("The area of father's house is "+house_1_area);
    }
}
class Son extends Father{
    int house_2_area;
    public Son(int h1a,int h2a){
        super(h1a);
        house_2_area=h2a;
    }
    public void print_house_2_area(){
        System.out.println("The area of son's house is "+house_2_area);
    }
}
class GrandSon extends Son{
    int house_3_area;
    public GrandSon(int h1a,int h2a,int h3a){
        super(h1a,h2a);
        house_3_area=h3a;
    }
    public void print_house_3_area(){
        System.out.println("The area of grandson's house is "+house_3_area);
    }
}
public class ExtendTest{
    public static void main(String[] args){
        GrandSon gs=new GrandSon(60,90,120);
        gs.print_house_1_area();
        gs.print_house_2_area();
        gs.print_house_3_area();
    }
}
```

程序运行结果如图 4.1 所示。

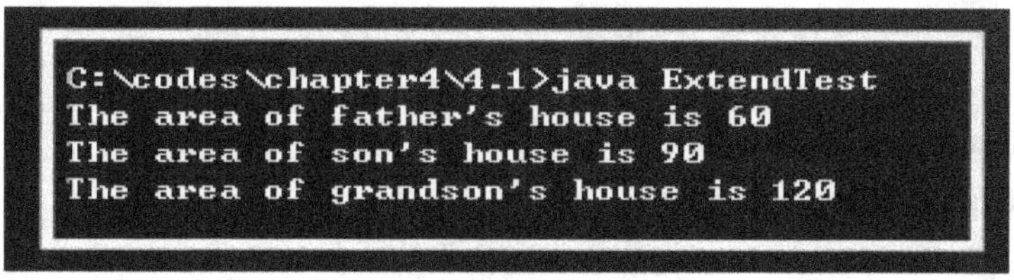

```
C:\codes\chapter4\4.1>java ExtendTest
The area of father's house is 60
The area of son's house is 90
The area of grandson's house is 120
```

图 4.1　例 4-1 的运行结果

4.2　子类对象的构造过程

在例 4-1 中，我们看到子类 GrandSon 的对象实例不仅拥有他自己的成员变量 house_3_area，也继承了直接父类 Son 和祖先类 Father 的成员变量 house_2_area 和 house_1_area。那么这些成员变量所拥有的内存空间是如何分配的呢？当用子类的初始化方法创建一个子类的实例对象时，这个子类声明的所有成员变量都被分配了内存空间，它的直接父类和所有的祖先类的成员变量也都被分配了内存空间。但是正如我们前面所提到的，即使在同一个包中，子类也不能继承父类对象中那些私有的成员变量和成员方法。那么是否意味着一个子类的直接父类和所有的祖先类中的私有成员变量，虽然被分配了内存空间，但是子类却无法使用它们呢？实际情况并非如此。尽管子类实例对象无法使用那些父类中的私有成员变量，但是它却可以通过调用从父类继承下来的方法，间接访问那些父类中的私有成员变量。

【例 4-2】　在这个例子中，子类通过调用它从父类继承下来的方法，操作父类中未被子类继承却被分配了内存空间的私有成员变量。

```
class Father{
    private int house_1_area;
    public Father(int h1a){
        house_1_area=h1a;
    }
    public int get_house_1_area(){
        return house_1_area;
    }
}
class Son extends Father{
    private int house_2_area;
    public Son(int h1a,int h2a){
        super(h1a);
        house_2_area=h2a;
    }
    public int get_house_2_area(){
```

```
                return house_2_area;
            }
    }
    class GrandSon extends Son{
            private int house_3_area;
            public GrandSon(int h1a,int h2a,int h3a){
                super(h1a,h2a);
                house_3_area=h3a;
            }
            public int get_house_3_area(){
                return house_3_area;
            }
    }
    public class ExtendTest2{
            public static void main(String[] args){
                GrandSon gs=new GrandSon(60,90,120);
                System.out.println("The area of father's house is " + gs.get_house_1_area());
                System.out.println("The area of father's house is " + gs.get_house_2_area());
                System.out.println("The area of father's house is "+ gs.get_house_3_area());
            }
    }
```

程序运行结果和例 4-1 的运行结果相同,也如图 4.1 所示。

4.3 成员变量隐藏与方法覆盖

在一个子类中,如果存在与父类成员变量名字相同的成员变量,同名的父类成员变量会被隐藏,即使它们的类型不同,也即子类重新声明定义了这个成员变量。一旦子类通过重新定义声明隐藏了父类的同名成员变量,就不能在子类中直接访问父类的这个同名成员变量。但是子类仍然可以通过从父类继承的方法,操作那些被隐藏的父类成员变量。

【例 4-3】在这个例子中,子类 Son 通过声明一个 double 类型的成员变量 house_area,隐藏了父类 Father 中的同名整型变量。尽管如此,在子类中仍然可以通过调用父类的公有方法 print_father_house_area 来访问被隐藏的父类同名整型变量。

```
    class Father{
            int house_area=100;
            public void print_father_house_area(){
                System.out.println("The area of father's house is "+house_area);
            }
    }
```

```
class Son extends Father{
    double house_area=120.3;
    public void print_son_house_area(){
        System.out.println("The area of son's house is "+house_area);
    }
}
public class HideValTest{
    public static void main(String[] args){
        Son son=new Son();
        son.print_son_house_area();
        son.print_father_house_area();
    }
}
```

程序运行结果如图 4.2 所示。

```
C:\codes\chapter4\4.3>java HideValTest
The area of son's house is 120.3
The area of father's house is 100
```

图 4.2 例 4-3 的运行结果

如果在子类中定义一个方法，这个方法的名字、返回类型、参数个数和类型与从父类继承下来的方法完全相同，则子类中的方法就覆盖了父类中的方法。子类通过方法的覆盖可以把父类的内部状态和对外的行为更改为自己的内部状态和对外的行为。值得注意的是，覆盖父类的方法时，不可以降低被覆盖方法的访问权限。假设父类中某个方法的访问权限是 protected 的，那么子类中的覆盖方法可以定义为 public 和 protected，但是不能定义为 private 或友好的。

【例 4-4】 在这个例子中，子类 Son 通过覆盖父类的公有方法 print_house_area，输出了自己新定义的 double 类型成员变量 houst_area 的值。

```
class Father{
    int house_area=100;
    public void print_house_area(){
        System.out.println("The area of father's house is "+house_area);
    }
}
class Son extends Father{
    double house_area=120.3;
    public void print_house_area(){
        System.out.println("The area of son's house is "+house_area);
    }
}
```

```
    }
    public class HideMethodTest{
        public static void main(String[] args){
            Son son=new Son();
            son.print_house_area();
        }
    }
```
程序运行结果如图 4.3 所示。

```
C:\codes\chapter4\4.4>java HideMethodTest
The area of son's house is 120.3
```

图 4.3 例 4-4 的运行结果

如果希望类中的某些方法不能够被子类中的方法所覆盖，可以把它们声明为 final。所有类的公共父类 Object 类就是这样做的，它的以下方法：

(1) public final Class<?> getClass();
(2) public final void notify();
(3) public final void notifyAll();
(4) public final void wait(long timeout);
(5) public final void wait(long timeout,int nanos);
(6) public final void wait();

都被 final 关键字所修饰。这是因为这些方法都和 Java 虚拟机的核心实现有关，不允许被它的子类进行修改。特别是后五个方法，它们都是和线程同步相关的方法。线程同步相关的实现和操作系统有很大的关系，在 Java 平台中，这些方法是使用操作系统本地编程语言实现的，因此不能在 Java 运行时环境中进行重新定义。

除了把类中的一些方法声明为 final，还可以声明整个类为 final。一个被 final 关键字修饰的类不能够被继承，也即不能够有子类。有时候处于安全性的考虑，会将一些类声明为 final，比如 Java.lang 包中的 String 类。由于它涉及到字符串操作，对于 Java 编译器和 Java 解释器的正常运行有很重要的作用，不允许被更改，因此它被声明为 final。

4.4 super 关键字

在 Java 中，关键字 super 有两种用法，其中一种是子类方法通过 super 调用父类中被子类隐藏的成员变量和覆盖的成员方法。从上一节中我们已经知道，在一个子类中，与父类成员变量名字相同的成员变量会使同名的父类成员变量被隐藏，如果在子类中定义一个方法，这个方法的名字、返回类型、参数个数和类型与从父类继承下来的方法完全相同，则子类中的方法就会覆盖了父类中的方法。但是父类中被隐藏的成员变量和被覆盖的成员方法仍然可以通过 super 关键字来访问。例如在例 4-4 的子类 Son 中，如果使用以下语句：

```
        super.house_area=120;
        super.print_house_area();
```
就可以分别调用父类 Father 中被子类 Son 隐藏的成员变量 house_area 和覆盖的成员方法 print_house_area()。

【例 4-5】 在这个例子中，子类 Son 使用 super 调用父类中被隐藏的成员变量和被覆盖的成员方法。

```
class Father{
    int house_area=100;
    public void print_house_area(){
        System.out.println("The area of father's house is "+house_area);
    }
}
class Son extends Father{
    double house_area=120.3;
    public void print_house_area(){
        System.out.println("The area of son's house is "+house_area);
        super.house_area=160;
        super.print_house_area();
    }
}
public class SuperTest1{
    public static void main(String[] args){
        Son son=new Son();
        son.print_house_area();
    }
}
```

程序运行结果如图 4.4 所示。

```
C:\codes\chapter4\4.5>java SuperTest1
The area of son's house is 120.3
The area of father's house is 160
```

图 4.4 例 4-5 的运行结果

另一种是子类的初始化方法中使用 super 调用父类的初始化方法。我们前面也提到了，子类不继承父类的初始化方法。但是如果在子类的初始化方法中没有显式的调用父类的初始化方法，那么 Java 编译器将会自动的在调用子类的初始化方法之前调用父类的无参初始化方法完成对父类中成员变量的初始化，而不管这些成员变量是否被子类所继承。如果父类中没有提供无参的初始化方法，编译时就会出现错误。假如子类想显式的调用父类中的某一个初始化方法，则必须在子类的初始化方法的第一条语句中使用 super 关键字调用父类的初始化方法。比如：

super()；调用父类的无参初始化方法。

super(a，b)；调用父类的带有两个参数的初始化方法，把实参 a 和 b 传递进去。

值得注意的是，无论子类的初始化方法显式或隐式的调用父类的初始化方法，都会导致父类的某个初始化方法被执行。而如果这个父类也有自己的父类的话，它的父类的初始化方法也会被执行。因此在整一个继承树上，从叶子节点一直追溯到根节点，也即 Object 类，会有一系列的存在相互继承关系的类的初始化方法被调用。举一个例子，如果某一个类 A 一直追溯到 Object 类有 20 个直接或间接的祖先，那么初始化一个类 A 的对象实例就需要连续执行 20 个类的初始化方法。当继承关系非常复杂的时候，对象实例的初始化将会消耗大量的系统资源，导致程序执行效率的降低。

【例 4-6】 在这个例子中，子类 Son 在它的初始化方法中使用 super 调用了父类的初始化方法。

```java
class Father{
    int house_area;
    public Father(int ha){
        house_area=ha;
    }
    public void print_house_area(){
        System.out.println("The area of father's house is "+house_area);
    }
}
class Son extends Father{
    double house_area;
    public Son(int fha,double sha){
        super(fha);
        house_area=sha;
    }
    public void print_house_area(){
        System.out.println("The area of son's house is "+house_area);
        super.print_house_area();
    }

}
public class SuperTest2{
    public static void main(String[] args){
        Son son=new Son(100,120.6);
        son.print_house_area();
    }
}
```

程序运行结果如图 4.5 所示。

```
C:\codes\chapter4\4.5>java SuperTest2
The area of son's house is 120.6
The area of father's house is 100
```

图 4.5　例 4-6 的运行结果

4.5　上转型对象

在现实世界中，我们可以经常看到类继承和类抽象关系的实际例子。比如"人"有很多种职业，比如"工人"、"农民"、"军人"和"警察"等。我们可以说"工人是人"，"农民是人"，也即我们可以把这些不同职业的人的公共属性抽象出来，封装成一个更高级的类"人"。当我们说工人也是人的时候，强调的是人类所共有的属性和功能，而不再关心工人作为一种职业相对于农民和军人等其它职业所特有的属性和功能。

在面向对象的编程概念中，假如我们有一个工人类 Worker，它是 Person 类的子类。当我们用 Worker 类创建一个对象，并把指向这个对象实体的引用保存在一个 Person 类的对象变量中的时候，如以下代码所示：

　　Person p=new Worker();

我们就称对象变量 p 为子类 Worker 的对象实体的上转型对象变量。

上转型对象变量所引用的对象实体是由子类负责创建的。这个对象实体在创建时使用的类模板和上转型对象变量的类模板不同，因此，上转型对象变量在使用时，会失去原对象实体的一些属性和功能。上转型对象变量的使用具有如下特点：

(1) 不能通过上转型对象变量访问子类对象实体中的成员变量和成员方法。这是因为上转型对象变量通过父类模板去寻找对应的成员变量名和成员方法名，而父类模板中并没有包含子类模板中定义的成员变量和成员方法。

(2) 子类对象实体中继承的父类成员变量和成员方法，以及子类对象实体中重写的父类成员方法，都可以通过上转型对象变量访问。需要注意的是，如果通过上转型对象变量访问子类对象实体重写的父类成员方法，所执行的代码是子类中重写的方法体。这是因为尽管上转型对象通过父类模板去寻找对应的成员方法名，但是通过这个方法名所执行的代码却是子类对象实体中重写过的方法体。

(3) 可以通过上转型对象变量访问父类中被子类隐藏的成员变量。这也是因为上转型对象变量通过父类模板去寻找对应的成员变量，它所找到的正是父类中被子类隐藏的成员变量。

(4) 可以通过强制类型转换将一个上转型对象变量转换为一个子类对象变量。这样新的子类对象变量又重新拥有子类的所有属性和功能。

【例 4-7】　在这个例子中，我们借用了例 4-6 中的 Son 和 Father 类的代码。在测试类的 main 方法中，我们初始化了一个 Son 类的对象实体，并把它的引用复制给 Father 类的上转型对象变量 fvar。通过 fvar 我们能访问子类重写的方法 print_house_area 以及父类中本来被覆盖掉的成员变量 house_area。再把 fvar 通过强制类型转换变换为 Son 类型的对象变量 svar 后，我们能够访问子类重写的方法 print_house_area 以及子类中把父类同名成员变量覆盖掉的成员变量 house_area。

```java
class Father{
    int house_area;
    public Father(int ha){
        house_area=ha;
    }
    public void print_house_area(){
        System.out.println("The area of father's house is "+house_area);
    }
}
class Son extends Father{
    double house_area;
    public Son(int fha,double sha){
        super(fha);
        house_area=sha;
    }
    public void print_house_area(){
        System.out.println("The area of son's house is "+house_area);
    }
}
public class PolymorphismTest{
    public static void main(String[] args){
        Father fvar=new Son(100,120.6);
        fvar.print_house_area();
        System.out.println("In main method, the area of father's house is "+ fvar.house_area);
        Son svar=(Son)fvar;
        svar.print_house_area();
        System.out.println("In main method, the area of son's house is "+ svar.house_area);
    }
}
```

程序运行结果如图 4.6 所示。

```
C:\codes\chapter4\4.6>java PolymorphismTest
The area of son's house is 120.6
In main method, the area of father's house is 100
The area of son's house is 120.6
In main method, the area of son's house is 120.6
```

图 4.6　例 4-7 的运行结果

如果一个类有很多子类,并且这些类都重写了父类中的某个实例方法,把这些子类的对象实体的引用分别赋值给父类的一个对象变量。从上述可知,这个对象变量就是这些子类的对象实体的上转型对象变量。通过这个上转型对象变量访问那个实例方法时,所调用的就是子类重写后的实例方法体。这在面向对象编程概念中是一种多态性的表现。与继承有关的多态性指的是父类的某个实例方法被其子类重写时,可以产生不同的功能行为,也即同一个操作被不同类型的对象实体调用时可能产生不同的行为。举例来说,抽象的类模型"人"可能有一个方法"工作",对于它的子类而言,"工人"的工作是在车间劳作,"农民"的工作是在田间耕作,而"警察"的工作是在维护治安。

【例 4-8】 在这个例子中,父类 Person 有一个方法 working,它的三个子类 Worker、Peasant 和 Policeman 分别重写了它的 working 方法。在测试类的 main 方法中,创建了三个子类的实体并把它们分别复制给 Person 类的实例对象变量 person。通过 person 分别调用 working 方法,我们可以看到不同的输出。

```java
class Person{
    public void working(){
    }
}
class Worker extends Person{
    public void working(){
        System.out.println("Worker is working");
    }
}
class Peasant extends Person{
    public void working(){
        System.out.println("Peasant is working");
    }
}
class Policeman extends Person{
    public void working(){
        System.out.println("Policeman is working");
    }
}
public class PolymorphismTest2{
    public static void main(String[] args){
        Worker worker=new Worker();
        Peasant peasant=new Peasant();
        Policeman policeman=new Policeman();
        Person person;
        person=worker;
        person.working();
```

```
            person=peasant;
            person.working();
            person=policeman;
            person.working();
        }
    }
```
程序运行结果如图 4.7 所示。

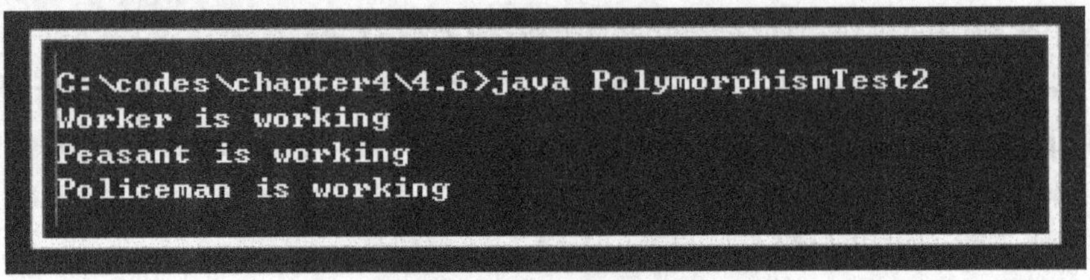

```
C:\codes\chapter4\4.6>java PolymorphismTest2
Worker is working
Peasant is working
Policeman is working
```

图 4.7　例 4-8 的运行结果

4.6　抽　象　类

　　抽象类就是被关键字 abstract 修饰的类。抽象类不能直接使用 new 操作符进行实例化，但是能够使用一个抽象类的对象变量存放它的具体化子类实体的引用。抽象类中可能包含也可能不包含抽象方法。所谓抽象方法，就是 abstract 关键字修饰的方法。抽象方法只有声明，没有实现，也即是说在抽象方法的声明后没有大括号括起来的方法体，后面直接跟分号。例如：

　　　　abstract void working();

　　定义了一个抽象方法 working，它只有方法声明，没有方法体，后面直接跟着分号。如果一个类中包含有抽象方法，则该类本身必须被关键字 abstract 修饰。抽象类的子类需要提供抽象类中抽象方法的具体实现，如果子类没能提供父类中所有抽象方法的实现，那么它也是一个抽象类，必须被关键字 abstract 修饰。

　　【例 4-9】　抽象类的例子。在这个例子中，父类 Person 是一个抽象类，它拥有一个抽象方法 working。它的三个子类 Worker、Peasant 和 Policeman 分别具体化实现了它的 working 抽象方法。在这个例子中我们可以看到，抽象类的对象变量可以充当其具体化的子类对象实体的上转型对象变量。

```
        abstract class Person{
            abstract public void working();
        }
        class Worker extends Person{
            public void working(){
                System.out.println("Worker is working");
            }
        }
```

```java
class Peasant extends Person{
    public void working(){
        System.out.println("Peasant is working");
    }
}
class Policeman extends Person{
    public void working(){
        System.out.println("Policeman is working");
    }
}
public class AbstractClassTest{
    public static void main(String[] args){
        Worker worker=new Worker();
        Peasant peasant=new Peasant();
        Policeman policeman=new Policeman();
        Person person;
        person=worker;
        person.working();
        person=peasant;
        person.working();
        person=policeman;
        person.working();
    }
}
```
例 4-9 具有和例 4-8 同样的输出结果。

4.7 接 口

Java 不支持多重继承，也即一个类只能有一个父类。单继承性使得 Java 语言体系变得更为简单，但是单继承性也使得 Java 缺乏 C++ 中多重继承具有的灵活性。为了解决这个问题，Java 语言提供了一种新的语言特性，就是接口，接口提供了多重继承的一种替代方式。在 Java 中，一个类只能继承一个父类，但是它可以实现多重接口。因此，一个对象可以通过提供多重接口来获得多重类型：它所对应的类模板的类型，它通过单继承获得的继承树上的各个祖先的类型，以及它和它的各个祖先实现的所有接口的类型。所以，接口是 Java 中一个非常重要的语言特性。

Java 中的接口是一种和抽象类非常类似的引用类型。接口使用关键字 interface 来声明。接口中只能包含常量、方法声明，而不能包含方法体。接口只能用于声明变量，而不能实例化。接口只能被某个类实现或被其它接口所继承。

定义接口的格式如下:

```
interface 接口的名字{
    ……
}
```

比如下面的例子定义了一个接口 Workable，它包含有一个整型的常量 WORKDAY_MAX 和对外的的接口方法 working()。注意 working()方法只有方法声明，没有方法体。

```
public interface Workable{
    final int WORKDAY_MAX=5;
    void working();
}
```

一个类通过使用关键字 implements 声明自己实现一个或多个接口，如果一个类要实现多个接口，则用逗号隔开接口的名字。例如 Worker 类继承了 Person 类，实现了两个接口 Workable 和 Playable。

```
public class Worker extends Person implements Workable,Playable{
    ...
}
```

需要注意的是，接口中的方法默认都是 public 和 abstract 的，因此接口在声明方法时可以省略掉方法前面的 public 和 abstract 关键字。如果一个类实现了某个接口，那么这个类必须实现接口中给出的所有方法，也即为这些方法提供具体的方法实现。同时类中的方法声明，也即方法的名字、返回类型、参数个数以及参数类型都必须与接口中的对应方法一致。类中的对应方法必须用 public 修饰。

接口还可以继承，也即扩展其他接口，就像一个类可以继承其他类一样。但是值得注意的是，类只能扩展一个类，也即是单继承，而接口可以扩展任意数量的接口。在接口声明中可以包含它扩展的所有接口的清单，这些被扩展的接口名以逗号分隔。

【例 4-10】 接口的例子。在这个例子中，我们定义了一个抽象类 Person 和两个接口 Playable 以及 Workable。在 Playable 接口中有一个 playing()方法，在 Workable 接口中有一个 working()方法和一个常量 WORKDAY_MAX。两个类 Worker 和 Policeman 分别继承了 Person 类，实现了这两个接口 Playable 和 Workable。

```
abstract class Person{
    abstract public void talking();
}
interface Playable{
    void playing();
}
interface Workable{
    final int WORKDAY_MAX=5;
    void working();
```

```java
}
class Worker extends Person implements Playable,Workable{
    public void talking(){
        System.out.println("I am a worker, and I am talking");
    }
    public void working(){
        System.out.println("Worker is working");
        System.out.println("My maxmal working day is "+WORKDAY_MAX);
    }
    public void playing(){
        System.out.println("Worker is playing");
    }
}
class Policeman extends Person implements Playable,Workable{
    public void talking(){
        System.out.println("I am a policeman, and I am talking");
    }
    public void working(){
        System.out.println("Policeman is working");
        System.out.println("My maxmal working day is "+WORKDAY_MAX);
    }
    public void playing(){
        System.out.println("Policeman is playing");
    }
}
public class InterfaceTest{
    public static void main(String[] args){
        Worker worker=new Worker();
        Policeman policeman=new Policeman();
        worker.talking();
        worker.working();
        worker.playing();
        policeman.talking();
        policeman.working();
        policeman.playing();
    }
}
```

程序运行结果如图 4.8 所示。

```
C:\codes\chapter4\4.10>java InterfaceTest
I am a worker, and I am talking
Worker is working
My maxmal working day is 5
Worker is playing
I am a policeman, and I am talking
Policeman is working
My maxmal working day is 5
Policeman is playing
```

图 4.8　例 4-10 的运行结果

4.8　接口的回调

在 4.5 节我们讨论了通过子类对象的上转型对象实现多态。接口回调是多态性的另一种表现。所谓接口回调指的是，可以把实现了某一个接口的类所创建的对象引用赋值给使用该接口声明的接口变量。可以通过该接口变量调用被那个类实现的接口中声明了的方法。当通过接口变量调用那个被类所实现的接口中的方法的时候，实际上就是执行类所实现的接口方法中的代码。不同的类在实现同一接口的时候，会给出不同的实现途径。因此通过同一个接口的变量调用同一个方法可以产生不同的行为。

【例 4-11】 接口回调的例子。在这个例子中，和例 4-10 一样，我们定义了一个抽象类 Person 和两个接口 Playable 以及 Workable。在 Playable 接口中有一个 playing()方法，在 Workable 接口中有一个 working()方法和一个常量 WORKDAY_MAX。两个类 Worker 和 Policeman 分别继承了 Person 类，实现了这两个接口 Playable 和 Workable。在测试类的 main 方法中，分别声明了 Person 类的变量 p、Workable 接口变量 wa 和 Playable 接口变量 pa。通过它们分别演示了上转型对象和接口回调的用法。

```java
abstract class Person{
    abstract public void talking();
}
interface Playable{
    void playing();
}
interface Workable{
    final int WORKDAY_MAX=5;
    void working();
}
class Worker extends Person implements Playable,Workable{
    public void talking(){
        System.out.println("I am a worker, and I am talking");
    }
    public void working(){
        System.out.println("Worker is working");
```

```java
            System.out.println("My maxmal working day is "+WORKDAY_MAX);
        }
        public void playing(){
            System.out.println("Worker is playing");
        }
    }
    class Policeman extends Person implements Playable,Workable{
        public void talking(){
            System.out.println("I am a policeman, and I am talking");
        }
        public void working(){
            System.out.println("Policeman is working");
            System.out.println("My maxmal working day is "+WORKDAY_MAX);
        }
        public void playing(){
            System.out.println("Policeman is playing");
        }
    }
    public class CallbackTest{
        public static void main(String[] args){
            Worker worker=new Worker();
            Policeman policeman=new Policeman();
            Workable wa;
            Playable pa;
            Person p;
            p=worker;
            p.talking();
            wa=worker;
            wa.working();
            pa=worker;
            pa.playing();
            p=policeman;
            p.talking();
            wa=policeman;
            wa.working();
            pa=policeman;
            pa.playing();
        }
    }
```

例 4-11 具有和例 4-10 同样的输出结果。

习　题

一、问答题

1. 在 Java 中，哪个类是所有类的公共父类？
2. 子类可以继承父类的初始化方法吗？
3. 子类如何调用父类中被隐藏的成员变量？
4. 子类覆盖父类方法时，可以降低被覆盖方法的访问权限吗？
5. 请列举在所有类的公共父类：Object 类中的 final 成员方法。
6. 为什么 String 类被声明为 final，也即不能够被继承？
7. 请叙述关键字 super 的用法。
8. "如果子类的初始化方法没有调用父类的初始化方法，则子类初始化时，父类的初始化方法不会被执行"，这句话正确吗？
9. 上转型对象变量的使用具有什么特点？
10. 假如我们有一个工人类 Worker，它是 Person 类的子类。如下代码正确吗：
    Worker w=new Person();
11. 抽象类中是否必须包含抽象方法？
12. 一个类只能继承一个父类，那么一个类能实现多个接口吗？
13. 请叙述 Java 中的接口和抽象类的异同。
14. 什么叫接口回调？
15. "接口中能包含常量和变量声明"，这句话正确吗？

二、编程题

1. "自行车"、"小汽车"、"火车"都可以称之为"车"。请通过分析，抽象它们所共有的性质，定义一个抽象类 Vehicle。
2. 编写一个 Person 类，该类包含两个成员变量 weight 和 height，分别代表一个人的身高和体重。该类重写了 Object 类的 toString 方法。当调用它重写的 toString 方法时，输出这个人的身高和体重。
3. 编写一个抽象类 Animal，它具有两个抽象方法 run 和 eat。分别实现这个抽象类的三个子类 Elephant、Lion 和 Zebra。实现一个测试类，在测试类的 main 方法中分别使用这三个子类创建对象实体，然后通过它们的上转型对象变量调用 run 方法和 eat 方法。
4. 一个二维向量由两个分量组成。二维向量的相加和相减等价于对应两个分量的相加和相减。比如两个二维向量(5，2)和(3，-1)，它们的和为(8，1)，它们的差为(2，3)。编写一个接口 Computable，它具有两个抽象方法 add 和 minus。编写一个 Vector 类，通过 Computable 接口实现二维向量的相加和相减。
5. 进一步扩展例 4-5，创建一个继承了 Son 类的 GrandSon 类。有没有办法在 GrandSon 类中调用它的祖父类 Father 中被 Son 类所覆盖的 print_house_area 方法？

第 5 章 字符串及其应用

5.1 String 类

字符串包含一个字符序列,在编程中字符串是一种常用的数据类型。在 Java 中,字符串是对象,而非基本数据类型。Java 平台中的字符串类是 String,它表示一个 UTF-16 格式的字符串,其代码单元是 char。

5.1.1 创建字符串

最直接的创建字符串的方式为:

    String greeting = "Hello world!";

在这种情况下,"Hello world!"是代码中用双引号包起来的一串文字。只要你在代码中用双引号将文字包起来,编译器就会创建一个 String 类型的对象,对象里的内容为字符串。在上例中,String 对象里的内容是 Hello world!。

你也可以使用关键词 new 调用构造方法来创建 String 对象。类 String 有十几个构造方法,你可以使用不同格式的初始值来创建字符串对象,例如可以使用字符数组当作构造方法的参数:

    char[] helloArray = { 'h', 'e', 'l', 'l', 'o', '.' };

    String helloString = new String(helloArray);

    System.out.println(helloString);

最后一行是打印字符串的内容。

一个需要注意的事项是:一旦创建了一个 String 对象,其内部的字符串内容是不可更改的。类 String 的许多方法表面上好像是会修改字符串的内容,其实上这些方法都是创建一个新的字符串,将结果放到这个新的字符串中,而不是去修改原来的字符串。

5.1.2 字符串的长度

在编程中,经常需要获取字符串的属性。字符串的长度是一个常用的属性,可以使用 length()方法获取。lenght()方法计算字符串对象中字符的数目,而非字节的数目。下面两行代码执行后,变量 len 等于 17。

    String palindrome = "Dot saw I was Tod";

    int len = palindrome.length();

回文(palindrome)是一个对称的单词或者句子,不考虑大小写和标点情况下,回文从前往后和从后往前的拼写都是一样的。下面这段简短但效率不高的代码可以将回文字符翻转,它主要调用 chatAt(i)方法来实现。chatAt(i)可以返回字符串的第 i 个字符,字符的编号 i 从 0 开始。

【例 5-1】 翻转输出回文字符串"Dot saw I was Tod"。

```java
public class StringDemoA {
    public static void main(String[] args) {
        String palindrome = "Dot saw I was Tod";
        int len = palindrome.length();
        char[] tempCharArray = new char[len];
        char[] charArray = new char[len];
        //将原始的字符串放到一个字符数组中
        for (int i = 0; i < len; i++) {
            tempCharArray[i] =
                palindrome.charAt(i);
        }
        //将字符数组中的字符逆序
        for (int j = 0; j < len; j++) {
            charArray[j] =
                tempCharArray[len - 1 - j];
        }
        //创建包含逆序结果的 String 对象
        String reversePalindrome =
            new String(charArray);
        //打印结果
        System.out.println(reversePalindrome);
    }
}
```

程序运行结果如图 5.1 所示。

```
doT saw I was toD
```

图 5.1 回文例程输出结果

要实现字符串翻转，程序不得不将字符串先转为字符数组(第一个 for 循环)，然后将字符数组倒序排列(第二个 for 循环)，最后再转为 String 类型。String 类还提供了一个方法 getChars()，来将字符串或者字符串的一部分转化为一个字符数组，因此上面程序中的第一个 for 循环可以使用下面这行代码代替。

  palindrome.getChars(0, len, tempCharArray, 0);

5.1.3 字符串连接

String 类中的 concat()方法可以将两个字符串连接起来，形成一个字符串，用法如下：
  string1.concat(string2);
这行代码返回一个新的字符串，字符串的内容为 string1 和 string2 构成的新字符串，string2

附加在 string1 后面。

你也可以对字符串常量使用 concat()方法，具体用法如下：

"My name is ".concat("Rumplestiltskin");

更常用的连接字符串的方法是使用 + 操作符，用法如下：

"Hello," + " world" + "!"

其结果为：

"Hello, world!"

在打印字符串的时候，使用+操作符非常方便，例如：

String string1 = "saw I was ";

System.out.println("Dot " + string1 + "Tod");

将打印出：

Dot saw I was Tod

除了 String 对象，也可以使用+操作符连接不同类型的对象，但前提条件是这些对象要有 toString()方法将之转为 String 类型。

需要注意的是，Java 不允许在源代码文件中将一个字符串常量写成多行。如果需要一个非常长的字符串，为了美观和易读，可以将之在多行中写成多个字符串，然后使用+操作符将这些字符串连接为一个字符串。实现代码如下所示。

String quote =

"Now is the time for all good " +

"men to come to the aid of their country.";

5.1.4 字符串比较

如果要比较两个字符串的内容是否相同，不可以用==符号来判断，而应该用 String 类的方法 equals()来判断。例如：

String s1 = new String("Hello World!");

String s2 = new String("Hello World!");

String s3 = new String("Hello world!");

那么 s1.equals(s2)返回的值是 true，s1.equals(s3)的返回值是 false，因为 s3 中的 w 字母是小写，与 s1 不同。如果希望忽略大小写的区别对字符串内容进行比较，那么可以是使用 equalsIgnoreCase()方法。s1. equalsIgnoreCase(s3)的返回值是 true。另外，如果希望将字符串里的所有字符转为大写，可以使用 toLowerCase()方法；如果希望将字符串里的所有字符转为小写，可以使用 toUpperCase()方法。

需要注意，表达式 s1==s2 是符合 Java 语法的，但该表达式的值是 false，而不是 true。因为 s1 和 s2 是引用，表达式 s1==s2 是判断两个引用是否相等，而不是比较字符串的内容是否相同。

字符串比较的另外一个方法是 compareTo()，该方法按照字典顺序比较两个字符串，比较是基于字符的 Unicode 值。如果按照字典顺序，String 对象位于参数字符串之前，则比较结果为一个负整数；如果 String 对象位于参数字符串之后，则比较结果是一个正整数；如果两个字符串的内容相同，则结果为 0。只有当 compareTo()的结果为 0 时，equals()的结果才为 true。

5.1.5 常量字符串的引用

在 Java 中，常量字符串也是一个对象，因此可以将一个常量字符串赋值给一个变量。在代码中，如果有两处地方出现相同的常量字符串，则在编译时，编译器会只生成一份数据实体。下面的代码可以帮助理解常量字符串及其引用。

【例 5-2】 常量字符串及其引用与比较实例。

```
public class StringDemoB{
    public static void main(String []args){
        String s1 = "Hello world!";
        String s2 = "Hello world!";
        String s3 = "Hello " + "world!";
        String s41 = "Hello ";
        String s42 = "world!";
        String s4 = s41 + s42;
        System.out.println("s1==s2 is " + (s1==s2));
        System.out.println("s1==s3 is " + (s1==s3));
        System.out.println("s1==s4 is " + (s1==s4));
    }
}
```

程序运行结果如图 5.2 所示。

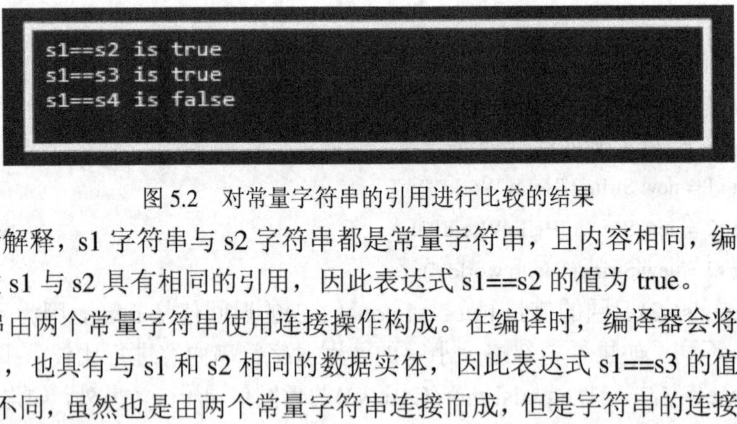

```
s1==s2 is true
s1==s3 is true
s1==s4 is false
```

图 5.2 对常量字符串的引用进行比较的结果

如前面所解释，s1 字符串与 s2 字符串都是常量字符串，且内容相同，编译时分配同一数据实体，故 s1 与 s2 具有相同的引用，因此表达式 s1==s2 的值为 true。

s3 字符串由两个常量字符串使用连接操作构成。在编译时，编译器会将二者编译为一个常量字符串，也具有与 s1 和 s2 相同的数据实体，因此表达式 s1==s3 的值也为 true。

s4 与 s3 不同，虽然也是由两个常量字符串连接而成，但是字符串的连接操作发生在程序运行时，而不是编译时，因此具有与其它三个变量不同的数据实体。这样，表达式 s1==s4 的值为 false。

5.1.6 字符串的查询

如果希望了解字符串中是否含有另一个字符串，可以使用 contains() 方法。如果 String 对象包含参数字符串，则返回 true，否则返回 false。

如果希望判断字符串是否以某个特定的字符串开始，也即字符串的前缀是否为某特定字符串，可使用 startsWith() 方法。与之相对应，如果判断字符串的后缀，可使用 endsWith() 方法。

前面介绍的三种查询方法只能判断参数字符串是否存在，不能提供参数字符串在字符串对象中的位置信息。如果希望获取参数字符串的位置，可以使用 indexOf()方法。如果找到字符串，则返回首次出现的位置；如果没有找到，返回 -1。

关于字符串查询方法的使用如下：

```
String s = "Hello world!";
boolean b1 = s.contains("Hello");       //b1 的值为 true
boolean b2 = s.startsWith("Hello");     //b2 的值为 true
boolean b3 = s.endsWith("Hello");       //b3 的值为 false
int i = s.indexOf("world");             //i 的值为 6
```

5.1.7 字符串的操作

String 类中也包含一些对字符串的"操作"方法，不过这些"操作"不是真正对字符串进行操作，因为 String 类型的字符串是不可以修改的。这些"操作"是创建新的字符串来存储结果。

如果提取字符串的一部分，可以使用 substring()方法。String substring(int beginIndex) 提取从 beginIndex 开始直到字符串结尾的所有字符。String substring(int beginIndex, int endIndex)提取从 beginIndex 到 endIndex-1 处的字符，返回的字符不包含第 endIndex 个字符。

```
"Hello world".substring(6);         //返回 world
"Hello world".substring(6,9);       //返回 wor
```

String 类也提供了字符串替换的方法 replace()，该方法返回一个新的字符串，新字符串是对原字符串中的某个字符进行替换得到的。

```
"the war of baronets".replace('r', 'y');    //返回 the way of bayonets
"Hello".replace('q', 'x');          //原字符串无 q 字符，不替换，返回 Hello
```

String 类中的另一个实用函数是 trim()。在程序设计中，有时要处理用户输入的字符串数据(如用户名)。用户输入的这些数据有时会在字符开始或结束处出现无意义的空格，trim()方法可以将这些空格去掉。

5.1.8 将字符串转为数值

在 Java 中，表达数值的数据类型有两类：一类是基本数据类型 byte、int、short、long、float 和 double；另一类是引用类型，为 Number 的子类，包括 Byte、Integer、Short、Long、Float 和 Double 等。

如果将 String 类型的字符串转为基本数据类型，可以使用 Byte、Integer、Short、Long、Float 和 Double 中的 parseByte()、parseInteger()、parseShort()、parseLong()、parseFloat()和 parseDouble()方法。示例代码如下。

```
float f = Float.parseFloat("3.1415926"); //返回浮点数 3.1415926
```

如果将 String 类型的字符串转为某个表达数值的引用类型，可以使用 Byte、Integer、Short、Long、Float 和 Double 中的 valueOf()方法。示例代码如下。

```
Float f = Float.valueOf("3.1415926");   //返回浮点数对象，其内容为浮点数 3.1415926
```

5.1.9 将数值转为字符串

如果需要以字符串的方式操作数值，则需要先将数值转为字符串。转换方式有几种，其中一种很简单的方式为：

    int i = 1024;

    String s1 = "" + i; //此处将 i 与一个空字符串进行连接操作

也可以如下：

    String s2 = String.valueOf(i);

每个 Number 类的子类都有一个 toString()方法，该方法是类方法，可以将表示数值的基本数据类型转为字符串，用法如下：

    int i = 1024;

    double d = 3.1415926;

    String s3 = Integer.toString(i);

    String s4 = Double.toString(d);

5.1.10 创建格式化字符串

如果希望打印格式化的数值，可使用 System.out.printf()方法。String 类也有类似的方法 format()，该方法返回一个 String 对象，而不是返回 PrintStream 对象。

例如使用 printf()方法，可以打印格式化的字符串：

    System.out.printf("The value of the float " +

            "variable is %f, while " +

            "the value of the " +

            "integer variable is %d, " +

            "and the string is %s",

            floatVar, intVar, stringVar);

如果你想获取这个格式化的字符串，而不是仅仅打印出来，上述代码可以写成如下形式：

    String fs;

    fs = String.format("The value of the float " +

            "variable is %f, while " +

            "the value of the " +

            "integer variable is %d, " +

            " and the string is %s",

            floatVar, intVar, stringVar);

    System.out.println(fs);

5.2 StringBuilder 类

通过上一节的介绍，我们可以得知 String 类创建的字符串对象是不可修改的，字符串对象一旦创建，字符串的长度和内容不能再发生任何变化。虽然 String 类提供了 replace()以及 substring()等方法来实现对字符串的"修改"操作，但是如果对字符串的修改比较频繁，建议使用 StringBuilder 类。

StringBuilder 类是 Java 5 中新增的类，在字符串的修改操作方面，StringBuilder 类要比 String 类高效。但需要注意的是将 StringBuilder 实例应用于多个线程是不安全的。如果需要多个线程间的数据同步，建议使用 StringBuffer 类，StringBuffer 类将在下一节介绍。

5.2.1 长度和容量

如同 String 类，StringBuilder 类也有一个 length()方法，该方法能返回当前字符串对象中字符的数目。

与 String 类不同的是，StringBuilder 类还有一个 capacity()方法。这个方法返回的是 StringBuilder 对象中字符的容量，容量值应该大于或等于(一般是大于)字符串的长度。当字符串变长，容量不够的时候，StringBuilder 会自动扩充容量。

5.2.2 构造方法

目前 StringBuilder 有四种构造方法：
(1) StringBuilder()：无参数的构造方法，创建一个容量为 16 的空字符串。
(2) StringBuilder(CharSequence cs)：创建一个字符串，内容与参数 cs 相同，并在尾部增加 16 个空元素。
(3) StringBuilder(int initCapacity)：创建一个空字符串，初始容量由参数 initCapacity 指定。
(4) StringBuilder(String s)：创建一个字符串，内容与参数 s 相同，并在尾部增加 16 个空元素。

例如下面的代码：
//创建容量为 16 的对象
StringBuilder sb = new StringBuilder();
//在字符串最后添加一个有 5 个字符的字符串
sb.append("Hello");

上面这段代码创建了容量为 16，长度为 5 的 StringBuilder 对象，该对象的示意图如图 5.3 所示。

图 5.3 StringBuilder 示意图

StringBuilder 类中的 setLength(int newLength)方法可以设置字符序列的长度，如果 newLength 小于当前字符序列，则后面的字符会被截掉。如果 newLength 大于当前字符序列，那么字符序列后面会添加一些空字符。

另外一个方法 ensureCapacity(int minCapacity)能够保障容量至少有 minCapacity 大小。

StringBuilder 类中的许多操作方法(如 append()、insert()或 setLength())能够增加字符序

列的长度,这会使得 StringBuilder 中的字符序列长度大于最初的容量。当这种情况发生时,StringBuilder 的容量会自动增加,不会发生容量不足的问题。

5.2.3 StringBuilder 常用方法

String 中没有,而 StringBuilder 具有的非常关键的方法是 append()和 insert()。这两个方法被重载,可以接收各种不同类型的参数。这些不同类型的参数都可以被转为字符序列,并添加到 StringBuilder 的字符序列中。append()方法是往字符序列的尾部添加,而 insert() 可以添加到任意位置。

一些常用的方法列于表 5.1 中。

表 5.1 StringBuilder 中的常用方法

方 法	功 能 描 述
StringBuilder append(boolean b) StringBuilder append(char c) StringBuilder append(char[] str) StringBuilder append(char[] str, int offset, int len) StringBuilder append(double d) StringBuilder append(float f) StringBuilder append(int i) StringBuilder append(long lng) StringBuilder append(Object obj) StringBuilder append(String s)	将参数转换为一个字符串,然后将之附加到字符序列的尾部
StringBuilder delete(int start, int end) StringBuilder deleteCharAt(int index)	第一个方法删除序列中的第 start 到第 end-1 个字符。第二个方法删除一个字符,即位于 index 位置的字符
StringBuilder insert(int offset, boolean b) StringBuilder insert(int offset, char c) StringBuilder insert(int offset, char[] str) StringBuilder insert(int index, char[] str, int offset, int len) StringBuilder insert(int offset, double d) StringBuilder insert(int offset, float f) StringBuilder insert(int offset, int i) StringBuilder insert(int offset, long lng) StringBuilder insert(int offset, Object obj) StringBuilder insert(int offset, String s)	将第二个参数插入到字符序列,第一个参数指定插入的位置。在插入之前,第二个参数会先被转换为字符串类型
StringBuilder replace(int start, int end, String s) void setCharAt(int index, char c)	在指定的位置替换字符串或替换单个字符
StringBuilder reverse()	将字符序列中的字符顺序翻转,返回新的 StringBuilder 对象
String toString()	返回一个 String 类型的对象,其内容与 StringBuilder 的内容相同

第 5 章　字符串及其应用

例 5-1 中的例程实现了回文的逆序。如果使用 StringBuilder，将会比使用 String 更加高效。在前面的例程中，使用了两个 for 循环来完成逆序操作，这里可以只使用 StringBuilder 中的 reverse()方法，代码将会更加简洁易懂且高效。代码如下：

【例 5-3】 用 StringBuilder 类中的方法翻转输出回文字符串"Dot saw I was Tod"。。

```
public class StringBuilderDemo {
    public static void main(String[] args) {
        String palindrome = "Dot saw I was Tod";
         //创建 StringBuilder 对象
        StringBuilder sb = new StringBuilder(palindrome);
        //对字符串进行逆序操作
        sb.reverse();
        //将逆序后的结果打印到屏幕上
        System.out.println(sb);
    }
}
```

程序运行结果如图 5.4 所示

```
doT saw I was toD
```

图 5.4　例 5-3 运行结果

5.3　StringBuffer 类

StringBuffer 类的功能和 StringBuilder 类几乎完全相同，这二者的主要区别是 StringBuffer 是线程安全的，而 StringBuilder 不是。如果字符串缓冲区被单个线程使用(这种情况很普遍)，建议优先采用 StringBuilder，因为 StringBuilder 比 StringBuffer 的效率更高。将 StringBuilder 的实例用于多个线程是不安全的，如果需要这样的同步，则建议使用 StringBuffer。

StringBuffer 中的方法与 StringBuilder 相同，在此不再赘述。

习　　题

1. 编写一个程序，从控制台读入一个字符串，统计字符串中汉字"的"出现的次数。
2. 编写一个程序，从控制台读入一句英文句子，然后将每个单词的首字母改为大写字母，并将结果显示到控制台。
3. 编写一个程序，从控制台读入一句英文句子，然后将所有的英文单词按照字典顺序排序，并将排序后的结果显示到控制台。

第6章 泛型与集合

6.1 泛型

在编程中,即使再仔细地设计、编写代码和测试,bug 总还是会出现。有些 bug 可以在编译时被检测到,编译器会给出错误提示,会相对容易解决。而有些 bug,只有在程序运行时才会出现,而且出现运行错误时的运行代码未必是 bug 的准确位置,bug 往往在运行错误之前的某处,这类 bug 比较难查找。

自从 Java5 开始,Java 引入了泛型(Generics)。泛型将类型变为一种参数,可以让一些 bug 在编译时被检测到,使程序更稳定。此外,泛型可以增加代码的重用性。

6.1.1 泛型的作用

与非泛型的代码相比,使用泛型的代码有如下优点。

1. 编译时更强的类型检查

对于泛型代码,Java 编译器可以进行强类型检查。如果代码中数据类型不准确,会引起编译错误,这样有利于在编译时发现 bug 并修复。在编译时修复 bug 要比运行时容易,因为运行时的 bug 一般较难定位。

2. 无需类型转换

下面的代码没有使用泛型,需要进行数据类型的转换:

```
List list = new ArrayList();
list.add("hello");
String s = (String) list.get(0); //取出的元素需转为 String 类型
```

如果使用泛型重写这段代码,那将不需要类型转换:

```
List<String> list = new ArrayList<String>(); //使用泛型
list.add("hello");
String s = list.get(0); //无类型转换
```

3. 增加代码重用性

使用泛型后,程序员可以针对不同的数据类型,设计通用的算法。这样的算法是类型安全的,重用性高,也易于使用。

6.1.2 泛型类

先使用一个简单的例子演示如何定义泛型类。如果我们要定义一个 Box 类,里面可以存放任何一种类型的实例,且它只需要两个方法 set()和 get()。set()方法用来添加一个对象,

get()方法获取这个对象。如果使用非泛型类，代码如下：

```
public class Box {
    private Object object;
    public void set(Object object) {
        this.object = object;
    }
    public Object get() {
        return object;
    }
}
```

因为 Box 类能够接收任何类型，你可以传递各种非基本类型的参数进来。在编译代码时，是无法验证数据的类型是否正确的。假如你使用 set()方法传入一个 StringBuilder 对象，然后使用 get()方法获取到 Box 里面的对象后，需要将类型强制转回 StringBuilder，但由于粗心，错将类型强制转为 StringBuffer。这样的错误，在编译时是无法检测到的。

泛型类的定义如下：

```
class name<T1, T2, ..., Tn> { /* ... */ }
```

在类名的后面，尖括号<>内的内容为类型参数，可以定义多个类型参数。对于前面例子中的 Box 类，如定义成泛型类，需要将"public class Box"改写为"public class Box<T>"。Box 泛型类的定义如下：

```
public class Box<T> {
    private T t;
    public void set(T t) { this.t = t; }
    public T get() { return t; }
}
```

可以看出 Box 泛型类与非泛型类大致相同，唯一不同的地方是将所有的 Object 类型改写为了 T 类型。T 可以是任何非基本数据类型，如类、接口、数组等，但不可是基本数据类型(如 int 和 double 等)。

使用了泛型，编译器可以在编译时检查数据类型的一致性，尽可能在编译时发现 bug，而不是留到运行时出错。

下面这个泛型例子中定义了两个类型参数：

```
public class Pair<K, V> {
    private K key;
    private V value;
    //构造方法
    public Pair(K key, V value) {
        this.key = key;
        this.value = value;
    }
    //泛型方法
```

```
        public void setKey(K key) { this.key = key; }
        public void setValue(V value) { this.value = value; }
        public K getKey()    { return key; }
        public V getValue() { return value; }
    }
```

如果要生成泛型类的实例,代码如下:

```
    Pair<Integer, String> p1 = new Pair< Integer, String >(1, "水果");
    Pair<Integer, String> p2 = new Pair< Integer, String >(2, "蔬菜");
```

6.1.3 泛型接口

Java 中(Java5 之后)不仅可以定义泛型类,也可以定义泛型接口。

【例 6-1】 泛型接口的定义和使用示例。

```
    interface MyInterf< T>{    //定义泛型接口
        public T getVar() ; //定义抽象方法,返回值是泛型类型
    }
    class MyClass< T> implements MyInterf< T>{ //定义泛型接口的子类
        private T var ;    //定义属性
        public MyClass(T var){    //通过构造方法设置属性
            this.setVar(var) ;
        }
        public void setVar(T var){
            this.var = var ;
        }
        public T getVar(){
            return this.var;
        }
    }
    public class TestGI{
        public static void main(String arsg[]){
            MyInterf <String> mi = null; //声明接口对象
            mi = new MyClass <String>("Java"); //通过子类实例化对象
            System.out.println("内容: " + mi.getVar()) ;
        }
    }
```

程序运行结果如图 6.1 所示。

内容: Java

图 6.1 例 6-1 输出结果

6.2 集合类概述

Java 中的集合类可以分为两大类：一类是实现 Collection 接口；另一类是实现 Map 接口。Collection 是一个基本的集合接口，Collection 中可以容纳一组集合元素(Element)。Map 没有继承 Collection 接口，与 Collection 是并列关系。Map 提供键(key)到值(value)的映射。一个 Map 中不能包含相同的键，每个键只能映射一个值。

Collection 有两个重要的子接口 List 和 Set。List 表达一个有序的集合，List 中的每个元素都有索引，使用此接口能够准确的控制每个元素插入的位置。用户也能够使用索引来访问 List 中的元素，List 类似于 Java 的数组。

Set 接口的特点是不能包含重复的元素。对 Set 中任意的两个元素 element1 和 element2 都有 element1.equals(element2)=false。另外，Set 最多有一个 null 元素。此接口模仿了数学上的集合概念。

Collection 接口、List 接口、Set 接口以及相关类的关系如图 6.2 所示。

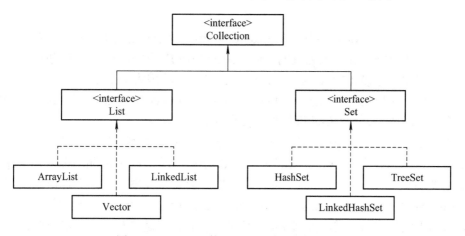

图 6.2　Collection 接口以及相关的子接口和类

如前面提到的，Map 接口与 Collection 接口不同，Map 提供键到值的映射。Map 接口提供三种 Collection 视图，允许以键集、值集或键—值映射关系集的形式查看某个映射的内容。Map 接口及其相关类的关系如图 6.3 所示。

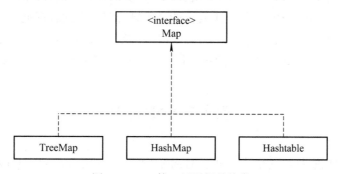

图 6.3　Map 接口以及相关的类

使用 Java 提供的集合类有如下好处：

(1) 降低编程难度：在编程中会经常需要链表、向量等集合类，如果自己动手写代码实现这些类，需要花费较多的时间和精力。调用 Java 中提供的这些接口和类，可以很容易的处理数据。

(2) 提升程序的运行速度和质量：Java 提供的集合类具有较高的质量，运行时速度也较快。使用这些集合类提供的数据结构，程序员可以从"重复造轮子"中解脱出来，将精力专注于提升程序的质量和性能。

(3) 无需再学习新的 API：借助泛型，只要了解了这些类的使用方法，就可以将它们应用到很多数据类型中。如果知道了 LinkedList<String>的使用方法，那么当然也会知道 LinkedList<Double>怎么用，无需为每一种数据类型学习不同的 API。

(4) 增加代码重用性：也是借助泛型，就算对集合类中的元素类型进行了修改，集合类相关的代码也几乎不用修改。

6.3 List 实现

在 List 实现中，ArrayList<E>和 LinkedList<E>是两个常用的类。在大多数情况下，建议使用 ArrayList<E>。在读取元素的时候，ArrayList<E>所需时长是固定的(所需时间不随元素个数而变化)，速度比较快。在 ArrayList<E>中，并不需为每个元素申请一个对象节点，所以如果需要一次复制几个元素，可以利用 System.arraycopy 来提升运行速度。需要注意的是，多线程时 ArrayList<E>的操作是不安全的。

如果需要频繁的往一个序列的头部添加元素，或者频繁删除序列中的某些元素，应该使用 LinkedList<E>。这些操作在 LinkedList<E>中所需时长是固定的(所需时间不随数组长度变长而变多)。在 ArrayList<E>中进行这些操作会使得程序的效率下降很多。读取元素 ArrayList<E>占优势，而删除元素等操作 LinkedList<E>占优势。在编程中该如何选择呢？建议在代码中测试这两个类，分别获取它们的运行耗时，选择耗时少速度快的类。

ArrayList<E>比 LinkedList<E>多一个参数，这个参数是初始容量。这个初始容量参数与 StringBuilder<E>类中的初始容量参数一样，用于指定 ArrayList<E>的初始存储空间。LinkedList<E>没有初始容量参数，但是比 ArrayList<E>多了 7 个方法。这 7 个方法是 clone()、addFirst()、getFirst()、removeFirst()、addLast()、getLast()和 removeLast()。

前面提到，ArrayList<E>是线程不安全的。如果希望在多线程间同步，可以使用 Vector 类。虽然可以使用 Collections.synchronizedList()(注意是 Collections 类，不是 Collection 接口)对 ArrayList<E>实现多线程间的同步，但是 Vector 类的效率更高一些。

6.4 Set 实现

Set 接口的实现中有三个常用类：HashSet<E>、TreeSet<E>和 LinkedHashSet<E>。HashSet<E>要比 TreeSet<E>快很多，对于大多数操作来说，HashSet<E>只需要较短的时间

即可完成，而 TreeSet<E>用的时间要长很多。如果你需要 SortedSet<E>接口里的方法，或者操作是跟排序后的元素相关，请用 TreeSet<E>，否则使用 HashSet<E>。大多数情况下，需要使用的是 HashSet<E>。

LinkedHashSet<E>介于 HashSet<E>和 TreeSet<E>之间，它实现了一个哈希表，并用链表将里面的元素连起来，所以 LinkedHashSet<E>具有跟 HashSet<E>一样的运行速度。

关于 HashSet<E>需要注意的是：读取 HashSet<E>里的某个元素所用时长是线性的，跟哈希表的入口和容量的大小成正比。因此如果初始容量设得太大，既浪费存储空间，又浪费检索时间；但是如果将初始容量设置得太小，那么在需要扩大容量时，又不得不花费时间复制数据。两个方面的优势很难兼得。初始容量可以使用 HashSet<E>类的构造方法来设置，设置初始容量为 64 的代码如下：

　　　　Set<String> s = new HashSet<String>(64);

6.5 Map 实现

Map 接口的实现中也有三个常用类：HashMap、TreeMap 和 LinkedHashMap。如果你需要 SortedMap 接口中的方法，或者需要可排序的键视图，请使用 TreeMap；如果你希望速度快，并不关心元素的顺序，请使用 HashMap；如果你希望速度跟 HashMap 类似，并关心元素的存储顺序，请使用 LinkedHashMap。Map 的实现类跟 Set 的实现类在某种程度上有一定的相似性，上一节中提到的关于 Set 的特点，多数对 Map 同样有效。

6.6 ArrayList<E>泛型类

ArrayList<E>实现了大小可变的数组。ArrayList<E>泛型类中的常用方法如表 6.1 所示。

表 6.1　ArrayList<E>中的常用方法

方　　法	功　能　描　述
boolean add(E e)	将指定的元素添加到此列表的尾部
void add(int index, E element)	将指定的元素插入此列表中的指定位置
void clear()	移除此列表中的所有元素
Object clone()	克隆列表
boolean contains(Object o)	如果此列表中包含指定的元素，则返回 true
void ensureCapacity(int minCapacity)	如有必要，增加此 ArrayList 实例的容量，以确保它至少能够容纳最小容量参数所指定的元素数
E get(int index)	返回此列表中指定位置上的元素
int indexOf(Object o)	返回此列表中首次出现的指定元素的索引,或如果此列表不包含元素，则返回 –1
boolean isEmpty()	如果此列表中没有元素，则返回 true

续表

方　　法	功　能　描　述
int lastIndexOf(Object o)	返回此列表中最后一次出现的指定元素的索引，或如果此列表不包含索引，则返回 -1
E remove(int index)	移除此列表中指定位置上的元素
boolean remove(Object o)	移除此列表中首次出现的指定元素(如果存在)
void removeRange(int idx1, int idx2)	移除列表中索引在 idx1(包括)和 idx2(不包括)之间的所有元素
E set(int index, E element)	用指定的元素替代此列表中指定位置上的元素
int size()	返回此列表中的元素数
Object[] toArray()	按适当顺序(从第一个到最后一个元素)返回包含此列表中所有元素的数组

【例 6-2】 ArrayList<E>的用法演示。

```
import java.util.*;
public class ArrayListDemo{
    public static void main(String []args){
        ArrayList<String> mylist = new ArrayList<String>();
        mylist.add("Java");
        mylist.add("是好语言");
        mylist.add("！");
        System.out.println("列表中有" + mylist.size() + "个元素");
        System.out.println("第 1 个元素是：" + mylist.get(1));
        System.out.println("全部元素是：" + mylist);
    }
}
```

程序的输出结果如图 6.4 所示。

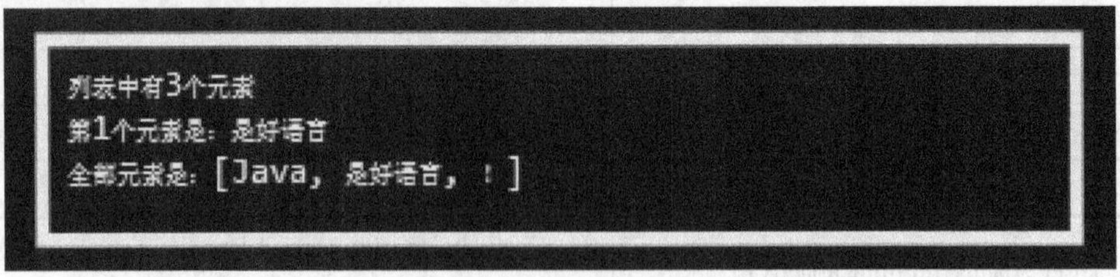

```
列表中有3个元素
第1个元素是：是好语言
全部元素是：[Java, 是好语言, ！]
```

图 6.4　例 6-2 的输出结果

注意 ArrayList<E>没有办法进行同步。如果多个线程同时访问一个 ArrayList<E>链表，则必须自己实现访问同步。一种解决方法是在创建对象时使用 Collections 类中的静态方法，来构造一个同步的链表：

　　List list = Collections.synchronizedList(new ArrayList(...));

另一种解决方法是使用 Vector<E>类。Vector<E>类比前一种方法实现同步的速度更快，更值得推荐。

6.7 LinkedList<E>泛型类

LinkedList<E>实现了 List 接口，能够构建一个双向链表，链式中能够存储所有的非基本数据类型(包括 null)。LinkedList<E>适用于如下几种情况：
(1) 需要处理的对象数目不定。
(2) 序列中元素都是对象，而不是基本数据类型的变量。
(3) 需要做频繁的元素插入和删除。
(4) 需要定位序列中的对象或其它查找操作。

注意 LinkedList<E>也没有方法进行同步。如果多个线程同时访问一个 LinkedList<E>链表，则必须自己实现访问同步。一种解决方法是在创建对象时使用 Collections 类中的静态方法，来构造一个同步的链表：

    List list = Collections.synchronizedList(new LinkedList(...));

LinkedList<E>的用法跟 ArrayList<E>的用法类似，只是多了 7 个方法。这七个方法是 clone()、addFirst()、getFirst()、removeFirst()、addLast()、getLast()和 removeLast()。在此不再赘述。

6.8 HashSet<E>泛型类

HashSet<E>实现 Set 接口，由哈希表(实际上是一个 HashMap 实例)支持。该类不保证 set 里面元素的顺序，也不保证元素的顺序不会发生变化。该类中允许使用 null 元素。

HashSet<E>类为基本操作提供了常数时间保证，这些基本操作包括 add、remove、contains 和 size。这个类假定哈希函数将这些元素正确地分布在桶中。获取某个元素所需的时间与 HashSet 实例的大小(元素的数量)和底层 HashMap 实例(桶的数量)的"容量"和成正比。因此，如果很看重查询元素的性能，则不应将初始容量设置得太高(或将加载因子设置得太低)。

注意，此实现不是同步的。如果多个线程同时访问一个哈希 set，而其中至少一个线程修改了该 set，那么它必须保持外部同步。这通常是通过对自然封装该 set 的对象执行同步操作来完成的。如果不存在这样的对象，则应该使用 Collections.synchronizedSet 方法来"包装" set。最好在创建时完成这一操作，以防多线程对该 set 进行意外的不同步访问。

    Set s = Collections.synchronizedSet(new HashSet(...));

HashSet<E>泛型类类似于数学上的集合概念，不允许重复的元素出现，也可以进行集合的交、并与差运算。

【例 6-3】 创建一个 HashSet<E>泛型类实例并向其中添加元素。
    import java.util.*;
    public class HashSetDemo{

```
public static void main(String []args){
    HashSet<String> myset = new HashSet<String>(); //创建实例
    myset.add("Java");     //添加一个元素
    myset.add("Java");     //添加元素，但由于此处添加的元素与上一个元素相同，
                           故不会真正添加进去，此处运行时也不会出错。
    System.out.println("集合中元素个数：" + myset.size());
    }
}
```
程序的运行结果如图 6.5 所示。

图 6.5　例 6-3 的输出结果

两个 HashSet<E>之间可以使用 addAll()方法进行并运算，使用 retainAll()方法进行交运算，使用 removeAll()方法进行差运算。下面这个例子介绍了这三种运算。

【例 6-4】　HashSet<E>之间的并、交与差运算实例。

```
import java.util.*;
public class HashSetOpDemo{
    public static void main(String []args){
        HashSet<Integer> setA = new HashSet<Integer>(); //创建实例
        HashSet<Integer> setB = new HashSet<Integer>(); //创建实例
        //向 setA 中添加元素 1，2，3
        setA.add(new Integer(1));
        setA.add(new Integer(2));
        setA.add(new Integer(3));
        //向 setB 中添加元素 2，3，4
        setB.add(new Integer(2));
        setB.add(new Integer(3));
        setB.add(new Integer(4));
        //setA 的克隆赋给 addAB
        HashSet<Integer> addAB = (HashSet<Integer>)setA.clone();
        //addAB 中内容是 setA 和 setB 的并集
        addAB.addAll(setB);
        //setA 的克隆赋给 retainAB
        HashSet<Integer> retainAB = (HashSet<Integer>)setA.clone();
        //addAB 中内容是 setA 和 setB 的交集
        retainAB.retainAll(setB);
        //setA 的克隆赋给 removeBfromA
```

```
HashSet<Integer> removeBfromA = (HashSet<Integer>)setA.clone();
//addAB 中内容是 setA 和 setB 的并集
removeBfromA.removeAll(setB);
//打印结果
System.out.println("A 集合： " + setA);
System.out.println("B 集合： " + setB);
System.out.println("A 和 B 的并集是： " + addAB);
System.out.println("A 和 B 的交集是： " + retainAB);
System.out.println("A-B 的差集是： " + removeBfromA);
    }
}
```

程序输出结果如图 6.6 所示。

```
A集合：[1, 2, 3]
B集合：[2, 3, 4]
A和B的并集是：[4, 1, 2, 3]
A和B的交集是：[2, 3]
A-B的差集是：[1]
```

图 6.6 例 6-4 的输出结果

6.9 TreeSet<E>泛型类

TreeSet<E>泛型类是一个有序集合，使用元素的自然顺序对元素进行排序，或者根据创建 set 时提供的 Comparator 进行排序，也就是说 TreeSet<E>中的对象元素需要实现 Comparable 接口。下面这个例子演示 TreeSet<E>中的元素排序。需要注意的是 TreeSet 类中跟 HashSet 类一样也没有 get()方法，用来获取列表中的元素，所以也只能通过迭代器方法来获取。

【例 6-5】 TreeSet<E>中元素排序的实例。

```
import java.util.*;
public class TreeSetDemo{
    public static void main(String[] args){
        TreeSet<String> ts =new TreeSet<String>();
        ts.add("This");
        ts.add("is");
        ts.add("a");
        ts.add("TreeSet");
        ts.add("demo");
        ts.add(".");
```

```
        //用迭代器遍历所有元素并打印
        Iterator<String> it =ts.iterator();
        while(it.hasNext()){
            System.out.println(it.next());
        }
    }
}
```

例 6-5 的输出结果如图 6.7 所示。可以看出，TreeSet<E>中元素的存储顺序跟插入的顺序无关，String 类型的元素是按照字典顺序排列的，标点在最前，大写字母在其后，小写字母在最后。

图 6.7 例 6-5 的输出结果

在 TreeSet<E>类中，基本的操作(add()、remove()和 contains())所需的时间复杂度为 O(log(n))。所以在时间效率方面，它要劣于 HashSet<E>类。

如果 TreeSet<E>类中的元素为自定义类型，那么这个类需要实现 Comparable 接口。在 Comparable 接口的 compareTo()方法中，定义如何对元素排序。例如下面这个例子，自定义类 Person 实现了接口 Comparable，compareTo()方法中有两行代码(只能使用一行)，第一行代码是根据 age 变量对元素进行排序；如果希望根据 name 变量对元素进行排序，请使用第二行代码。

【例 6-6】 以年龄为标准对类中的元素进行排序。

```
import java.util.*;
class Person implements Comparable{
    String name;
    int age;
    Person(String n, int a){
        name =n;
        age = a;
    }
    public int compareTo(Object p){
        Person person = (Person)p;
        return (this.age - person.age); //按年龄排序
        //return this.name.compareTo(person.name); //按姓名排序
    }
    public String toString(){
        return "姓名: " + name + "; 年龄: " + age;
```

```
        }
    }
    public class TreeSetDemoB{
        public static void main(String[] args){
            TreeSet<Person> ts =new TreeSet<Person>();
            ts.add(new Person("Amy", 25));
            ts.add(new Person("Frank", 20));
            ts.add(new Person("Gary", 30));
            ts.add(new Person("Tom", 15));
            //用迭代器遍历所有元素并打印
            Iterator<Person> it =ts.iterator();
            while(it.hasNext()){
                System.out.println(it.next());
            }
        }
    }
```

程序运行结果如图 6.8 所示。

可以看出排序标准为整数 age，按从小到大排列。如果注释掉 compareTo()方法中的第一行代码，改用第二行代码，那么将使用字符串 name 变量进行排序，运行结果如图 6.9 所示。

图 6.8　TreeSet<E>中的排序标准为年龄时的输出结果

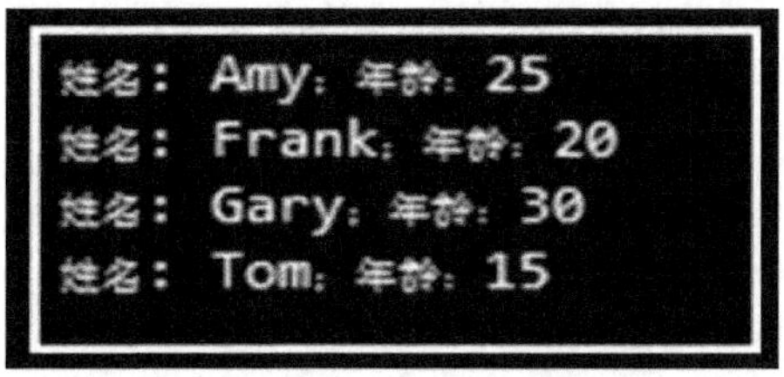

图 6.9　TreeSet<E>中的排序标准为姓名时的输出结果

注意，TreeSet<E>不是同步的。如果多个线程同时访问一个 TreeSet<E>实例，而其中至少一个线程修改了该 set，那么它必须同步。可以使用 Collections.synchronizedSortedSet() 方法来"包装" TreeSet<E>，使之是多线程安全的。此操作最好在创建时进行，以防多个线程进行意外非同步访问。

SortedSet s = Collections.synchronizedSortedSet(new TreeSet(...));

6.10　HashMap<K, V>泛型类

　　HashMap<K, V>是基于哈希表的 Map 接口的实现。此实现提供所有可选的映射操作，并允许使用 null 键和 null 值(除了非同步和允许使用 null 之外，HashMap 类与 Hashtable 大致相同)。此类既不保证映射的顺序，也不保证、映射的顺序不发生变化。

　　HashMap<K, V>中有两个参数会影响其性能：初始容量和加载因子(load factor)。容量是哈希表中桶(bucket)的数量，初始容量只是哈希表在创建时的容量。加载因子是哈希表在其容量自动增加之前可以达到多满的一种尺度。当哈希表中的条目数超出了加载因子与当前容量的乘积时，则要对该哈希表进行重建哈希操作(即重建内部数据结构)，从而哈希表将具有大约两倍的桶数。如果初始容量为 16，加载因子为 0.75，那么当映射数目达到 $16 \times 0.75 = 12$ 时，需要增大容量并重建哈希。

　　若假定哈希函数将元素均匀地分布在各桶之间，则基本操作(get()和 put())具有常数复杂度，性能稳定。迭代 Collection 视图所需的时间与 HashMap 实例的"容量"(桶的数量)及其映射数(键—值映射关系数)之和成正比。所以，如果迭代性能很重要，则不应将初始容量设置得太高(或将加载因子设置得太低)。

【例6-7】 HashMap<K, V>的使用实例。

```java
import java.util.*;
class Person{
    String id; //学号
    String name; //姓名
    boolean isMale; //性别
    Person(String i, String n, boolean m){
        id = i;
        name = n;
        isMale =m;
    }
    public String toString(){
        return "学号：" + id + "；名字：" + name + "；性别：" + (isMale ? "男" : "女");
        //return isMale ? "m" : "f";
    }
}
public class HashMapDemo{
    public static void main(String[] args){
        HashMap<String, Person> hm =new HashMap<String, Person>();
        //创建 4 个 Person 实例
        Person p1 = new Person("1234", "Amy", false);
        Person p2 = new Person("1235", "Frank", true);
```

```
        Person p3 = new Person("1236", "Gary", true);
        Person p4 = new Person("1237", "Tom", true);
        //添加到 Map 中
        hm.put(p1.id, p1);
        hm.put(p2.id, p2);
        hm.put(p3.id, p3);
        hm.put(p4.id, p4);
        String id1 = "1234";
        String id2 = "4321";
        //查询 id1 是否存在
        if(hm.containsKey(id1))
            System.out.println("学号=" + id1 + "的学生存在，名字=" + hm.get(id1).name);
        else
            System.out.println("学号=" + id1 + "的学生不存在");
        //查询 id2 是否存在
        if(hm.containsKey(id2))
            System.out.println("学号=" + id2 + "的学生存在，名字=" + hm.get(id2).name);
        else
            System.out.println("学号=" + id2 + "的学生不存在");
        //打印映射数目
        System.out.println("共有学生数目：" + hm.size());
        //借助 Value 视图，用迭代器遍历所有元素并打印
        Collection<Person> collection = hm.values();
        Iterator<Person> it =collection.iterator();
        while(it.hasNext()){
            System.out.println(it.next());
        }
    }
}
```

程序运行结果如图 6.10 所示。

```
学号=1234的学生存在，名字=Amy
学号=4321的学生不存在
共有学生数目：4
学号：1234，名字：Amy，性别：女
学号：1235，名字：Frank，性别：男
学号：1236，名字：Gary，性别：男
学号：1237，名字：Tom，性别：男
```

图 6.10　例 6-7 的运行结果

注意，HashMap<K, V>不是同步的。如果多个线程同时访问一个哈希映射，而其中至

少一个线程从结构上修改了该映射,则它必须保持外部同步。有两种方法解决同步问题:一种方法是使用 HashTable<K, V>;另一种方法是使用 Collections.synchronizedMap()方法来"包装"该映射。最好在创建时完成这一操作,以防多个线程对映射进行意外的非同步访问,操作代码如下所示:

    Map m = Collections.synchronizedMap(new HashMap(...));

习　题

1. 张三、李四等人是 A 社团成员,李四、王五等人是 B 社团成员。请编写一个应用程序,输出同时参加两个社团的人。

2. 有 8 个显示器,其属性有尺寸和价格。编写一个程序,使用 TreeMap<K,V>,分别按照尺寸和价格排序输出所有显示器的信息。

第 7 章 Java 异常处理

本章介绍 Java 的异常处理机制。异常(exception)是指在运行时代码序列中产生一种异常情况，换句话说，异常是一个运行时错误。在不支持异常处理的计算机语言中，错误必须由程序员手动检查和处理——典型的是通过错误代码的运用等。这种方法既笨拙又麻烦。Java 的异常处理解决了这些问题，而且在处理过程中，把运行时错误的管理带到了面向对象的世界。Java 语言的异常处理框架，是 Java 语言健壮性的一个重要体现。

7.1 异常处理概述

编写一个 Java 程序，打开本地磁盘下的 D:\test.txt 文件。

【例 7-1】 发生异常的程序示例。

```
import java.io.*;
public class Example7_1
{
    public static void main(String args[]){
        System.out.println("Before opening");
        //FileReader 对象连接到 D:\test.txt 文件
        FileReader reader=new FileReader("D:\\test.txt");
        System.out.println("After opening");
    }
}
```

编译代码时的显示结果如图 7.1 所示。

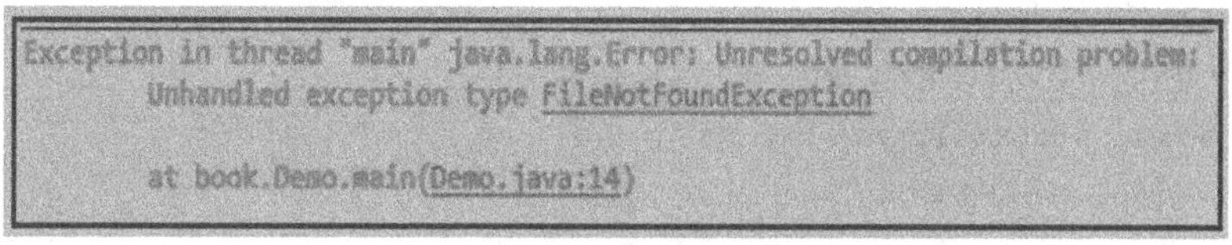

```
Exception in thread "main" java.lang.Error: Unresolved compilation problem:
    Unhandled exception type FileNotFoundException

    at book.Demo.main(Demo.java:14)
```

图 7.1 例 7-1 的运行结果

由编译信息可知，以上程序将产生 FileNotFoundException 异常。因此，若希望程序正确运行，编译器需能够处理 FileNotFoundException 异常。

7.1.1 异常处理基础

异常即程序运行过程中发生的异常事件，如例 7-1 所描述。程序运行时出现异常则生成异常对象，生成的异常对象被交给 Java 虚拟机，Java 虚拟机寻找相应的代码来处理这一异常。生成异常对象并把它交给 Java 虚拟机的过程称为抛出(throw)异常。在 Java 虚拟机得到一个异常对象后,它将会寻找处理这一异常的代码。寻找异常处理方法的过程从生成异常的方法开始,沿着方法的调用栈逐层回溯,直到找到包含相应异常处理的方法为止。然后,Java 虚拟机把当前异常对象交给这个方法进行处理。这一过程称为捕获(catch)异常。如果查遍整个调用栈仍然没有找到合适的异常处理方法,Java 虚拟机将终止 Java 程序的执行。

Java 异常处理过程通过 5 个关键字控制:try、catch、finally、throw 和 throws。其中,try、catch 和 finally 构成异常处理的完整语法。

```
try {
            //异常监控区域代码块
}
catch (ExceptionType e) {
            //ExceptionType 类型异常处理
}
finally {
            // 方法返回前需执行的代码块
}
```

try 语句块表示要尝试运行的代码块,try 语句块中代码受异常监控,其中代码发生异常时,会抛出异常对象。

catch 语句块会捕获 try 代码块中发生的异常,并在其代码块中做异常处理。catch 语句带一个 Throwable 类型的参数,表示可捕获的异常类型。当 try 中出现异常时,catch 会捕获到发生的异常,并和自己的异常类型匹配,若匹配,则执行 catch 块中代码,并将 catch 块参数指向所抛的异常对象。catch 语句可以有多个,用来匹配多个异常。某个异常与 catch 块一旦匹配成功,就不再尝试匹配别的 catch 块了。通过异常对象可以获取异常发生时完整的 Java 虚拟机堆栈信息,以及异常信息和异常发生的原因等。

finally 语句块是紧跟在 catch 语句后的语句块,不管 try 语句块是否发生异常该语句块总会被执行。finally 语句块总是在方法返回前执行,目的是给程序一个补救的机会。这也体现了 Java 语言的健壮性。

throw 和 throws 的用法描述如下。

```
public static void test() throws Exception{
      //抛出一个检查异常
      throw new Exception("方法 test 中的 Exception");
}
```

throw 关键字用于方法体内部,用来抛出一个 Throwable 类型的异常。如果抛出了检查异常,则还应该在方法头部声明,方法可能抛出的异常类型。该方法的调用者也必须检查和处理抛出的异常。如果所有方法都层层上抛获取的异常,最终 Java 虚拟机会进行处理,处理也很简单,就是打印异常消息和堆栈信息。如果抛出的是 Error 或 RuntimeException,则该方法的调用者可选择处理该异常。

throws 关键字用于方法体外部的方法声明部分,用来声明方法可能会抛出某些异常。

仅当抛出了检查异常，该方法的调用者才必须处理或者重新抛出该异常。当方法的调用者无力处理该异常的时候，应该继续抛出。

7.1.2 异常的分类

Java 把异常当作对象来处理，并定义一个基类 java.lang.Throwable 作为所有异常的超类。在 Java API 中已经定义了许多异常类，这些异常类分为两大类：错误(Error)和异常(Exception)。Java 异常体系结构呈树状，其层次结构如图 7.2 所示。

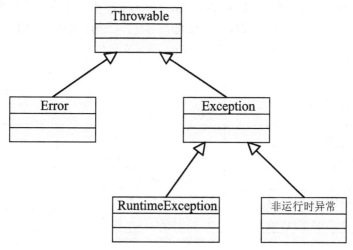

图 7.2 Java 异常体系结构

所有异常类型都是内置类 Throwable 的子类，因此，Throwable 在异常类层次结构的顶层。Thorwable 类有两个子类 Error 和 Exception，分别表示错误和异常。其中异常类 Exception 又分为运行时异常(RuntimeException)和非运行时异常，这两种异常有很大的区别，也称之为不检查异常(Unchecked Exception)和检查异常(Checked Exception)。下面将详细讲述这些异常之间的区别与联系。

1. Error 与 Exception 类

Error 类是错误类，表示仅靠程序本身无法修复的严重错误，如内存溢出错误(OutOfMemoryError)、线程死亡错误(ThreadDeath)等。这类异常发生时，Error 类对象由 Java 虚拟机生成并抛出给系统。本章不再讨论关于 Error 类型的异常处理，因为它们通常是灾难性的致命错误，不是程序可以控制的。

Exception 类是异常类，表示程序本身可以处理的异常。它从父类 Throwable 中继承了成员变量和成员方法，只在自身类中声明了一些构造方法。程序中的每一个异常对应于 Exception 类的一个子类实例，异常对象中包含异常的位置和特征信息。这种异常分两大类：运行时异常和非运行时异常。程序应当尽可能去处理这些异常。

2. 运行时异常和非运行时异常

运行时异常都是 RuntimeException 类及其子类异常，如空对象异常(NullPointerException)、算术异常(ArithmeticException)、类型强制转换异常(ClassCastException)、数组下标越界异常(ArrayIndexOutOfBoundsException)、数值格式异常(NumberFormatException)等。这些异

常是不检查异常，程序可以选择捕获处理，也可以不处理。这些异常一般是由程序逻辑错误引起的，程序应该从逻辑角度尽可能避免这类异常的发生。

非运行时异常是 RuntimeException 以外的异常，类型上都属于 Exception 类及其子类，如 IOException、SQLException 等。这些异常是检查异常，从程序语法角度讲是必须进行处理的异常，如果不处理，程序就不能通过编译。一般情况下不自定义检查异常。

7.1.3 异常的描述

异常类 Exception 的超类为 Throwable 类。Throwable 类中定义了方法来检索与异常相关的信息，并打印显示异常发生的栈跟踪信息。这些方法的描述见表 7.1。

表 7.1 Throwable 类定义的方法

方法	描述
Throwable fillInStackTrace( )	返回一个包含完整堆栈轨迹的 Throwable 对象，该对象可能被再次引发
String getLocalizedMessage( )	返回一个异常的局部描述
String getMessage( )	返回一个异常的描述
void printStackTrace( )	显示堆栈轨迹
void printStackTrace(PrintStreamstream)	把堆栈轨迹送到指定的流
void printStackTrace(PrintWriterstream)	把堆栈轨迹送到指定的流
String toString( )	返回一个包含异常描述的 String 对象。当输出一个 Throwable 对象时，该方法被 println()调用

【例 7-2】 Exception 类型的方法示例。

```
public class Example7_2{
    public static void main(String args[]){
        try{
            throw new Exception("My Exception");
        }catch(Exception e){
            System.out.println("getMessage:"+e.getMessage());
            System.out.println("printStackTrace:");
            e.printStackTrace();
        }
    }
}
```

程序运行结果如图 7.3 所示。

```
getMessage:My Exception
printStackTrace:
java.lang.Exception: My Exception
        at book.Demo.main(Demo.java:13)
```

图 7.3 例 7-2 的运行结果

显然，printStackTrace()方法可获得比 getMessage()方法更多的信息。

7.2 异常处理机制

7.2.1 捕获和处理异常

尽管 Java 运行时由系统提供的默认异常处理程序对于调试很有用，但程序员通常都希望能手动处理异常。这样做有两个好处。第一，允许修正错误。第二，防止程序自动终止。但 Java 异常的捕获和处理是一件不容易把握的事情，如果处理不当，不但会让程序的可读性大大降低，而且导致系统性能低下，甚至引发一些难以发现的错误。

为防止和处理一个运行时错误，只需要把所要监控的代码放进一个 try 语句块。紧跟 try 语句块的是一个能够捕获程序员所希望的错误类型的 catch 语句块。下面的程序包含一个处理例 7-1 中 FileNotFoundException 异常的 try 语句块和 catch 语句块。

【例 7-3】 捕获并处理例 7-1 中的异常。

```java
import java.io.*;
public class Example7_3
{
    public static void main(String args[]){
        try{
            System.out.println("Before opening");
            //FileReader 对象连接到 D:\test.txt 文件
            //假设 D:\test.txt 文件不存在
            FileReader reader=new FileReader("D:\\test.txt");
            System.out.println("After opening");
        }
        catch (FileNotFoundException e){
            System.out.println("Exception encountered:"+e);
        }
        System.out.println("After catch statement.");
    }
}
```

程序运行结果如图 7.4 所示。

```
Before opening
Exception encountered:java.io.FileNotFoundException: D:\test.txt (系统找不到指定的文件。)
After catch statement.
```

图 7.4 例 7-3 的运行结果

注意在异常发生时，try 语句块中的 "System.out.println("After opening");" 语句是不会

被执行的。一旦异常被引发，程序控制由 try 语句块转到 catch 语句块，而不会从 catch 语句块返回到 try 语句块。一旦执行了 catch 语句，程序控制从整个 try/catch 块的下面一行继续。

一个 try 语句块和它的 catch 语句块形成了一个单元，try 语句块不能单独使用。一个 catch 语句块的范围受限于前面所定义的 try 语句块，它不能捕获另一个 try 语句块声明所引发的异常。catch 语句的参数类似于方法的声明，包括一个异常类型和一个异常对象。异常类型必须为 Throwable 类的子类，它指明了 catch 语句所处理的异常类型。异常对象在 try 语句块中生成并被捕获，异常对象名可以是任意标识符，但通常用小写字母 e 作为异常对象名，表示异常对象。

某些情况下，单个代码段可能引发多个异常。处理这种情况，需要定义两个或更多的 catch 语句块，每个语句块捕获一种类型的异常。当异常被引发时，Java 虚拟机从上到下将当前异常对象的类型和每个 catch 语句处理的异常类型进行比较，直到找到最匹配的 catch 语句为止。当一个 catch 语句执行以后，其他的 catch 语句被忽略，执行从 try/catch 块以后的第一行代码继续。这里，类型匹配是指 catch 所处理的异常类型与生成的异常对象的类型或者是它的父类完全一致。

【例7-4】 捕获并处理两种不同类型的异常。

```java
import java.io.*;
public class Example7_4
{
    public static void main(String args[]){
        try{
            System.out.println("Before opening");
            //FileReader 对象连接到 D:\test.txt 文件
            FileReader reader=new FileReader("D:\\test.txt");
            System.out.println("After opening");
            int c[]=new int[1];
            c[1]=9;
        }
        catch (FileNotFoundException e){
            System.out.println("Exception encountered:"+e);
        }
        catch (ArrayIndexOutOfBoundsException e){
            System.out.println("Exception encountered:"+e);
        }
        System.out.println("After catch statement.");
    }
}
```

当 D:\test.txt 文件不存在时，程序发生 FileNotFoundException 异常，运行结果如图 7.5 所示。

```
Before opening
Exception encountered:java.io.FileNotFoundException: D:\test.txt （系统找不到指定的文件。）
After catch statement.
```

图 7.5 例 7-4 的运行结果

当 D:\test.txt 文件存在时，程序不会发生 FileNotFoundException 异常。程序向下执行并发生 ArrayIndexOutOfBoundsException 异常，运行结果如图 7.6 所示。

```
Before opening
After opening
Exception encountered:java.lang.ArrayIndexOutOfBoundsException: 1
After catch statement.
```

图 7.6 例 7-4 的另一个运行结果

当有多个 catch 语句时，catch 语句的排列顺序应该是从特殊异常到一般异常，即异常子类必须排在它们任何父类之前。比如有两个 catch 语句分别处理 ArithmeticException 和 Exception 两类异常对象，则 ArithmeticException 类的 catch 语句要写在 Exception 类的 catch 语句之前。通常最后一个 catch 语句的异常类参数都声明为 Exception，这样能够保证捕获和处理所有的异常对象。

7.2.2 声明抛出异常

在有些情况下，一个方法并不需要处理它所生成的异常，或者不知道该如何处理这一异常，这时它就向上传递，由调用它的方法来处理这些异常。throws 语句就用来处理这种情况。throws 语句用于方法的声明中，用来声明该方法可能要抛出的异常类型。该方法的调用者必须捕获并处理该类型的异常，这样就实现了异常对象在方法之间的传递。

包含一个 throws 语句的方法声明的通用形式如下：

```
type method-name(exception-list) throws exception-list
{
    // body of method
}
```

这里，exception-list 是该方法可以引发的以逗号分割的异常列表。

【例 7-5】 错误的示例。该例试图引发一个它不能捕获的异常。因为程序没有指定一个 throws 子句来声明这一事实，程序将无法编译。

```
public class Example7_5{
    static void throwOne(){
        System.out.println("Inside throwOne.");
        throw new IllegalAccessException("demo");
    }
    public static void main(String args[]){
        throwOne();
    }
}
```

【例 7-6】正确的示例。为编译例 7.5 的程序,需对其进行以下修改:① 声明 throwOne() 方法引发 IllegalAccess Exception 异常;② main()方法必须定义一个 try/catch 语句来捕获该异常。

```
public class Example7_6{
    static void throwOne() throws IllegalAccessException{
        System.out.println("Inside throwOne.");
        throw new IllegalAccessException("demo");
    }
    public static void main(String args[]){
        try{
            throwOne();
        }
        catch(IllegalAccessException e){
            System.out.println("Caught " + e);
        }
    }
}
```

```
Inside throwOne.
Caught java.lang.IllegalAccessException: demo
```

图 7.7　例 7-6 的运行结果

7.3　finally 子句

异常改变了程序正常的执行流程。如例 7-4 所示,程序打开了文件 D:\test.txt 后发生异常,此时文件尚未关闭,将导致文件写入失败。如果程序使用了文件、Socket、JDBC 连接之类的资源,即使遇到了异常,也要正确释放占用的资源。为此,Java 提供了一个简化这类操作的关键词 finally。finally 创建一个代码块,该代码块在一个 try/catch 块完成之后另一个 try/catch 块出现之前执行。finally 块无论有没有异常引发都会被执行,这在关闭文件句柄和释放任何在方法开始时被分配的其他资源是很有用的。

try、catch、finally 三个语句块均不能单独使用,三者可以组成 try...catch...finally、try...catch、try...finally 三种结构。catch 语句可以有一个或多个,finally 语句最多一个。try、catch、finally 三个代码块中变量的作用域仅限于代码块内部,分别独立且不能相互访问。如果要在三个块中都可以访问,则需要将变量定义到这些块的外面。

例 7.7 显示了 3 种不同的退出方法,每一个都执行了 finally 子句。

【例 7-7】　finally 示例。

```
public class Example7_7{
    // Through an exception out of the method.
```

```java
        static void procA() throws RuntimeException{
            try{
                System.out.println("inside procA");
                throw new RuntimeException("demo");
            }
            finally{
                System.out.println("procA's finally");
            }
        }
    // Return from within a try block.
        static void procB(){
            try{
                System.out.println("inside procB");
                return;
            }
            finally{
                System.out.println("procB's finally");
            }
        }
    // Execute a try block normally.
        static void procC(){
            try{
                System.out.println("inside procC");
            }
            finally{
                System.out.println("procC's finally");
            }
        }
        public static void main(String args[]){
            try{
                procA();
            }
            catch(Exception e){
                System.out.println("Exception caught");
            }
            procB();
            procC();
        }
    }
```

该例中，procA()过早地通过引发一个异常中断了 try，finally 子句在退出时执行。procB() 的 try 语句通过一个 return 语句退出，在 procB()返回之前 finally 子句执行。在 procC()中，try 语句没有错误正常执行，finally 块仍将执行。

例 7-7 的输出结果如图 7.8 所示。

```
inside procA
procA's finally
Exception caught
inside procB
procB's finally
inside procC
procC's finally
```

图 7.8 例 7-7 的运行结果

7.4 自定义异常

尽管 Java 的内置异常可以处理大多数常见错误，但程序员也许希望建立自己的异常类型来处理应用中遇到的特殊情况。一般情况下，这个类要符合以下要求：① 有一个默认构造器；② 包含一个详细信息字符串参数的构造器。例 7.8 声明了 Exception 的一个新子类，它重载了 toString()方法，这样可以用 println()来显示异常的描述。

【例 7-8】 自定义异常 MyException。

```
class MyException extends Exception {
    private int num;
    MyException(int a) {
        num = a;
    }
    public String toString(){
        return "MyException("+num+")";
    }
}
public class Example7_8{
    static void compute(int a) throws MyException{
        System.out.println("Called compute(" + a + ")");
        if(a>10)
            throw new MyException(a);
        System.out.println("Normal exit");
    }
    public static void main(String args[]){
```

第 7 章 Java 异常处理

```
            try{
                compute(1);
                compute(11);
            }
            catch(MyException e){
                System.out.println("Caught " + e.toString());
            }
        }
    }
```

该例题定义了 Exception 的一个子类 MyException，包括一个构造函数和一个重载的 toString()方法。Example7_8 类定义了一个 compute()方法，当 compute()的整型参数比 10 大时 MyException 异常被引发。main()方法为 MyException 设立了一个异常处理程序，然后用一个合法的值和一个不合法的值调用 compute()来显示执行经过代码的不同路径。例 7-8 的输出结果如图 7.9 所示。

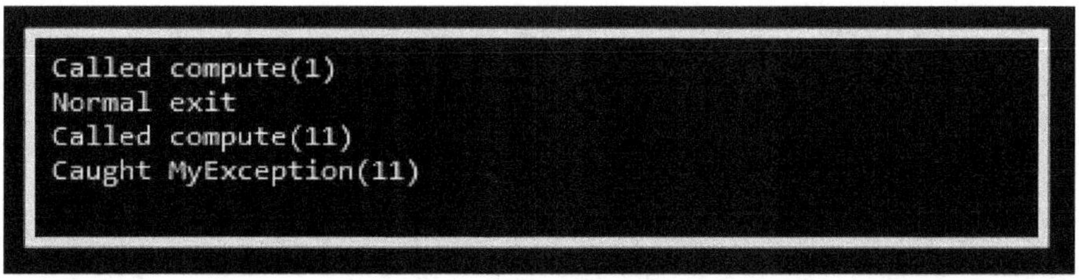

```
Called compute(1)
Normal exit
Called compute(11)
Caught MyException(11)
```

图 7.9　例 7-8 的运行结果

习　题

1. 程序中的错误分为哪两类？
2. 什么是编译错误？什么是运行错误？性质有什么不同？试列举自己遇到的编译错误和运行错误。对于这两类错误，分别应该如何排除？
3. 用 extends 关键字创建自己的例外类。
4. 试判断以下程序段在编译时是否出错，然后上机编译并分析其结果。

```
        try{
            ...
        }
        catch (IOException    e){
            System.err.println("IOException Caught");
        }
        catch(Exception    e){
            System.err.println("Exception caught");
        }
```

5. 编写一个程序,来说明 catch(Exception e)如何捕获各种异常。

6. 用 main()创建一个类,令其掷出 try 块内的 Exception 类的一个对象。为 Exception 的构建器赋予一个字串参数。在 catch 从句内捕获异常,并打印出字串参数。添加一个 finally 从句,并打印一条消息,证明自己真正到达那里。

7. 编写用于实现各种 Java 数据类型相互转换的程序,并定义相应的异常类。

第 8 章 File 类与输入输出流

Java 通过流来实现与外界数据的交流。流是生产或消费信息的抽象，一个输入流可以抽象多种不同类型的输入，例如从磁盘文件、从键盘、从网络套接字等，一个输出流也可以输出到控制台、磁盘文件、连接的网络等。Java.io 提供对输入/输出流操作的支持。

8.1 File 类

无论学习那种语言，都不免要接触到文件系统，要经常和文件打交道，Java 当然也不例外。在介绍 Java IO 之前首先介绍一个非常重要的类 File。在 Java 整个 io 包中，File 类是唯一表示与文件本身有关的类。使用 File 类可以进行创建或删除文件等常规操作。File 类的常用构造方法如下：

  File(String parent, String child)

  File(File parent, String child)

  File(URI uri)

  File(String pathname)

其中前面两种方法可以在某个已知特定的目录下新建文件或者目录，后面两种可以通过 pathname 或者 URI 新建文件或者目录。

将 File 类中的主要方法按如下方式分类：

(1) 文件名的处理：

String getName()：得到一个文件的名称(不包括路径)。

String getParent()：得到一个文件的上一级目录名。

String getPath()：得到一个文件的路径名。

String getAbsolutePath()：得到一个文件的绝对路径名。

String renameTo(File newName)：将当前文件名更名为给定文件的完整路径。

(2) 文件属性测试：

boolean isAbsolute()：测试此抽象路径名是否为绝对路径名。

boolean canRead()：测试当前文件是否可读。

boolean canWrite()：测试当前文件是否可写。

boolean exists()：测试当前 File 对象所指示的文件是否存在。

boolean isFile()：测试当前文件是否是文件(不是目录)。

boolean isDirectory()；测试当前文件是否是目录。

boolean isHidden()：测试当前文件是否是一个隐藏文件。

(3) 普通文件信息和工具：

long lastModified()：得到文件最近一次修改的时间。

long length(): 得到文件的长度,以字节为单位。
boolean delete(): 删除当前文件。
(4) 目录操作:
boolean mkdir(): 根据当前对象生成一个由该对象指定的路径。
String[] list(): 返回一个字符串数组,列出当前目录中的文件和目录。

【例 8-1】 本例中代码提供一个操作目录和文件示例程序。

```java
import java.io.File;
import java.io.IOException;
public class Example8_1
{
    public static void main(String[] args)
    {
        File file1 = new File("d:/test/a.txt"); //创建文件对象 file1
        if(!file1.exists()){ //判断它是否已经存在
            try{
                file1.createNewFile(); //创建新文件
            }
            catch(IOException e){
                e.printStackTrace();
            }
        }
        File dir = new File("D:/test"); //创建 dir 目录对象
        if(dir.isDirectory())
        {   //判断它是否为目录
            String[] files = dir.list(); //调用 list()方法获取它的所有文件
            for(String fileName : files){ //遍历文件
                //用目录和文件名生成 File 对象
                File f = new File(dir.getPath()+File.separator+fileName);
                //进行分类打印
                if(f.isFile()){
                    System.out.println("file:"+f.getName());
                }
                else if(f.isDirectory()){
                    System.out.println("dir:"+f.getName());
                }
            }
        }
    }
}
```

第 8 章 File 类与输入输出流

本示例程序首先检查 "d:/test" 文件夹是否存在文件 a.txt，若不存在则创建一个新文件。然后，将该文件夹下的所有文件和目录遍历以后，分类打印出来。程序运行结果如图 8.1 所示。

```
D:\test>java Example8_1
file:a.txt
file:Example8_1.class
file:Example8_1.java
```

图 8.1 例 8-1 运行结果

8.2 输入输出流概述

流是一个很形象的概念，当程序需要读取数据的时候，就会开启一个通向数据源的流，这个数据源可以是文件、内存、或网络连接。类似的，当程序需要写入数据的时候，就会开启一个通向目的地的流。输入和输出流可形象地描述为如图 8.2 和图 8.3 所示的形状。

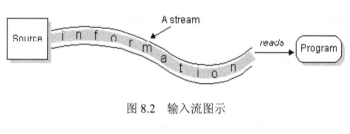

图 8.2 输入流图示

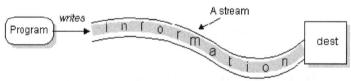

图 8.3 输出流图示

Java 中的输入输出流可以按如下方式进行划分。典型的输入输出流由四个抽象类来表示：InputStream、OutputStream、Reader、Writer。Java 中其他多种多样变化的流均是从它们派生出来的。

(1) 按数据流动方向分：

输入流：只能从中读取字节数据，而不能向其写入数据。

输出流：只能向其写入字节数据，而不能从中读取数据。

(2) 按照流所处理的数据类型分：

字节流：用于处理字节数据。

字符流：用于处理 Unicode 字符数据。

(3) 按照流所处理的源分：

节点流(低级流)：从/向一个特定的 IO 设备读/写数据的流。

处理流(高级流)：对已存在的流进行连接和封装的流。

标准输入/输出指在字符方式下(如 DOS)，程序与系统进行交互的方式，分为三种：

(1) 标准输入 studin，对象是键盘。

(2) 标准输出 stdout，对象是屏幕。

(3) 标准错误输出 stderr，对象也是屏幕。

【例 8-2】从键盘输入字符的示例。

```
import java.io.*;
public class Example8_2
{
    public static void main(String args[]) throws IOException
    {
        System.out.println("Input: ");
        byte buffer[] = new byte[512]; //输入缓冲区
        int count = System.in.read(buffer); //读取标准输入流
        System.out.println("Output: ");
        for (int i=0;i<count;i++) //输出 buffer 元素值
        {
            System.out.print(" "+buffer[i]);
        }
        System.out.println();
        for (int i=0;i<count;i++) //按字符方式输出 buffer
        {
            System.out.print((char) buffer[i]);
        }
        System.out.println("count = "+ count);    //buffer 实际长度
    }
}
```

在例 8-2 中，用"System.in.read(buffer)"从键盘输入一行字符，存储在缓冲区 buffer 中，count 保存实际读入的字节个数，再以整数和字符两种方式输出 buffer 中的值。Read 方法在 java.io 包中，而且要抛出 IOException 异常。

程序输出结果如图 8.4 所示。

```
Input:
First of all,wathing tv is a good relaxation
Output:
 70 105 114 115 116 32 111 102 32 97 108 108 44 119 97 116 104 105 110 103 32 116 118 32 105 115 32 97 32 103 111 111 100 32 114 101 108 97 120 97 116 105 111 110
First of all,wathing tv is a good relaxation
count = 46
```

图 8.4 例 8-2 输出流图示

8.3 字节流类

8.3.1 字节输入输出流

字节流是从 InputStream 和 OutputStream 派生出来的一系列类，这类流以字节(byte)为基本处理单位。

1. InputStream 类

字节输入流类 InputStream 的主要方法描述如下：

(1) public abstract int read()：返回读取的一个字节；如果到达流的末尾，则返回 −1。

(2) public int read(byte[] b)：从输入流中读取一定数量的字节，并将其存储在缓冲区数组 b 中。

(3) public int read(byte[] b, int off, int len)：将输入流中最多 len 个数据字节读入 byte 数组。

(4) public long skip(long n)：跳过和丢弃此输入流中数据的 n 个字节。

(5) public int available()：可以不受限制地从此输入流读取(或跳过)估计的字节数；如果到达输入流末尾，则返回 0。

(6) public void mark(int readlimit)：在此输入流中标记当前的位置，readlimit 参数告知此输入流在标记位置失效之前允许读取的字节数。

(7) public void reset()：将此流重新定位到最后一次对此输入流调用 mark 方法时的位置。

(8) public boolean markSupported()：如果此输入流实例会支持 mark 和 reset 方法，则返回 true；否则返回 false。

(9) public void close()：关闭此输入流并释放与该流关联的所有系统资源。

字节输入流类 InputStream 的类层次如图 8.5 所示。

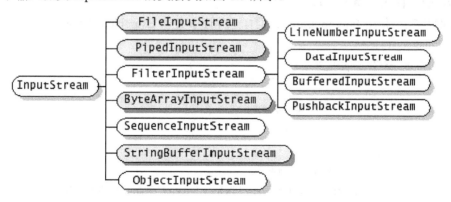

图 8.5 InputStream 类层次

2. OutputStream 类

字节输出流类 OutputStream 的主要方法描述如下：

(1) public abstract void write(int b):将指定的字节写入此输出流,要写入的字节是参数 b 的八个低位。

(2) public void write(byte[] b):将 b.length 个字节从指定的 byte 数组写入此输出流。

(3) public void write(byte[] b, int off, int len):将指定的 byte 数组中从偏移量 off 开始的 len 个字节写入此输出流。

(4) public void flush():刷新此输出流并强制写出所有缓冲的输出字节。

(5) public void close():关闭此输出流并释放与此流有关的所有系统资源。

字节输出流类 OutputStream 的类层次如图 8.6 所示。

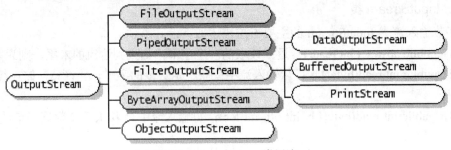

图 8.6 OutputStream 类层次

8.3.2 文件字节流

1. FileInputStream 类

文件字节输入流 FileInputStream 类按字节读取文件中的数据。在生成 FileInputStream 类的对象时,若指定文件找不到,则抛出 FileNotFoundException 异常,该异常必须声明捕获或抛出。该类的所有方法都是从 InputStream 类继承来的,其构造方法主要有如下两种:

public FileInputStream(String name) throws FileNotFoundException

public FileInputStream(File file) throws FileNotFoundException

前者使用给定的文件名 name 创建对象,后者使用 File 对象 file 创建对象。构造方法参数所指定的文件成为输入流的源。

【例 8-3】 使用 FileInputStream 类打开并读取文件 Example8_3.Java。

```
import java.io.*;
public class Example8_3
{
    public static void main(String args[])
    {
        try{
            //创建文件输入流对象
            FileInputStream in = new FileInputStream("Example8_3.Java");
            int n=2;
            byte buffer[] = new byte[n];
            //读取输入流
```

```
            while (in.read(buffer,0,n)!=-1){
                String str=new String(buffer,0,n);
                System.out.print(str);
            }
            System.out.println();
            //关闭输入流
            in.close();
        }
        catch (IOException e){
            System.out.println(e);
        }
        catch (Exception e){
            System.out.println(e);
        }
    }
}
```

程序运行结果如图 8.7 所示。

```
D:\test>java Example8_3
import java.io.*;
public class Example8_3
{
    public static void main(String args[])
    {
        try{

            FileInputStream in = new FileInputStream("Example8_3.Java");
            int n=2;
            byte buffer[] = new byte[n];

            while (in.read(buffer,0,n)!=-1){
                String str=new String(buffer,0,n);
                System.out.print(str);
            }
            System.out.println();

            in.close();
        }
        catch (IOException e){
            System.out.println(e);
        }
        catch (Exception e){
            System.out.println(e);
        }
    }
}
```

图 8.7　例 8-3 运行结果

例 8-3 以文件名 Example8_3.Java 创建 FileInputStream 对象，调用 InputStream 类的 read(byte[] buffer, 0, n)方法，每次从源程序文件 Example8_3.Java 中读取 n 个字节，存储在

缓冲区 buffer 中，再将以 buffer 中的值构造的字符串 str 显示在屏幕上。流操作执行完后需要调用 close()方法将输入流关闭。程序必须使用一个 try-catch 块捕获并处理异常。

2. FileOutputStream 类

文件字节输出流 FileOutputStream 类按字节将数据写入到文件中。在生成 FileOutputStream 类的对象时，若指定文件不存在，则创建一个新文件；若指定文件存在，但它是一个目录，则会产生 FileNotFoundException 异常。在进行文件读写操作时会产生 IOException 异常，该异常必须声明捕获或抛出。FileOutputStream 类的构造方法主要有如下几种：

  public FileOutputStream(String name) throws FileNotFoundException

  public FileOutputStream(File file) throws FileNotFoundException

前者使用给定的文件名 name 创建对象，后者使用 File 对象 file 创建对象。构造方法参数所指定的文件成为输出流的目的地。

  public FileOutputStream(String name, Boolean append) throws FileNotFoundException

  public FileOutputStream(File file, Boolean append) throws FileNotFoundException

当用构造方法创建指向一个文件的输出流时，如果参数 append 取值 true，若文件已存在，输出流不会刷新所指向的文件，顺序地向该文件输入数据。

【例8-4】 使用 FileOutputStream 类向文件 write.txt 写入数据。

```java
import java.io.*;
public class Example8_4
{
    public static void main(String args[])
    {
        try{
            System.out.print("Input: ");
            int count,n=512;
            byte buffer[] = new byte[n];
            //读取标准输入流
            count=System.in.read(buffer);
            //创建文件输出流对象
            FileOutputStream out=new FileOutputStream("write.txt");
            //写入输出流
            out.write(buffer,0,count);
            //关闭输出流
            out.close();
            System.out.println("Save to write.txt!");
        }
        catch (IOException e){
            System.out.println(e);
```

           }
           catch (Exception e){
                System.out.println(e);
           }
      }
}

例 8-4 首先采用 System.in.read(buffer)从键盘输入一行字符，存储在缓冲区 buffer 中，再以 FileOutputStream 类的 write(buffer)方法，将 buffer 中内容写入文件 write.txt 中。流操作执行完后需要调用 close()方法将输出流关闭，执行结果如图 8.8 所示。

```
D:\test>javac Example8_3.java

D:\test>java Example8_3
Input: szu bravo~
Save to write.txt!
```

图 8.8 例 8-4 运行结果

8.3.3 管道流

管道用来把一个程序、线程和代码块的输出连接到另一个程序、线程和代码块的输入。java.io 中提供了类 PipedInputStream 和 PipedOutputStream 作为管道的输入和输出流。管道输入流作为一个通信管道的接收端，管道输出流则作为发送端。管道流必须是输入输出并用，即在使用管道前，两者必须进行连接。管道输入/输出流可以用两种方式进行连接。

(1) 在构造方法中进行连接：

  PipedInputStream(PipedOutputStream pos);

  PipedOutputStream(PipedInputStream pis);

(2) 通过各自的 connect()方法连接：

在类 PipedInputStream 中，

  connect(PipedOutputStream pos);

在类 PipedOutputStream 中，

  connect(PipedInputStream pis);

【例 8-5】 管道流示例。

```
import java.io.*;
public class Example8_5
{
    public static void main (String args[])
    {
        PipedInputStream in = new PipedInputStream();
        PipedOutputStream out = new PipedOutputStream();
        try{
```

```java
            in.connect(out);
        }
        catch(IOException e){
            System.out.println(e);
        }
        Send s1 = new Send(out,1);
        Send s2 = new Send(out,2);
        Receive r1 = new Receive(in);
        Receive r2 = new Receive(in);
        s1.start();
        s2.start();
        r1.start();
        r2.start();
    }
}
//发送线程
class Send extends Thread
{
    PipedOutputStream out;
    static int count=0;                    //记录线程个数
    int k=0;
    public Send(PipedOutputStream out,int k){
        this.out=out;
        this.k=k;
        this.count++;                      //线程个数加1
    }
    public void run(){
        System.out.print("\nSend"+k+": "+this.getName()+" ");
        int i=k;
        try{
            while (i<10){
                out.write(i); i+=2; sleep(1);
            }
            if (Send.count==1)             //只剩一个线程时
            {                              //关闭输入管道流
                out.close();
                System.out.println("out closed!");
            }
            else{
```

```
                    count--;                      //线程个数减 1
                }
            }
            catch(InterruptedException e){
                System.out.println(e);
            }
            catch(IOException e){
                System.out.println(e);
            }
        }
    }
//接收线程
class Receive extends Thread
{
        PipedInputStream in;
        public Receive(PipedInputStream in){
            this.in = in;
        }
        public void run(){
            System.out.print("\nReceive: "+this.getName()+"   ");
            try{
                int i = in.read();
                while (i!=-1)                     //输入流未结束时
                {
                    System.out.print(i+"   ");
                    i = in.read();
                    sleep(1);
                }
                in.close();                       //关闭输入管道流
            }
            catch(InterruptedException e){
                System.out.println(e);
            }
            catch(IOException e){
                System.out.println(e);
            }
        }
}
```

例 8-5 中首先连接输入管道 in 与输出管道 out，Send 线程向输出管道 out 发送数据，

Receive 线程从输入管道 in 中接收数据。程序运行结果如图 8.9 所示。

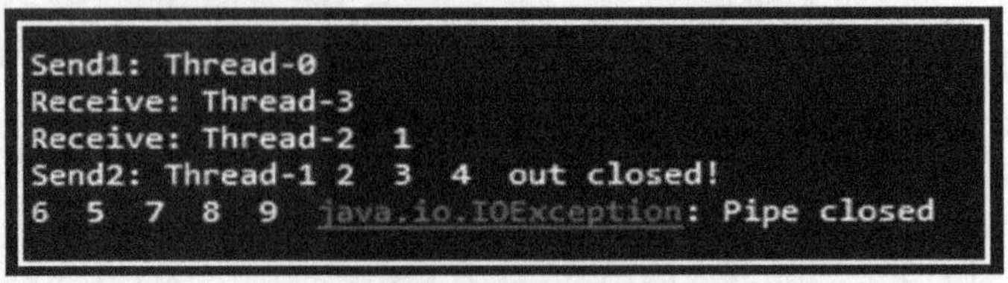

```
Send1: Thread-0
Receive: Thread-3
Receive: Thread-2 1
Send2: Thread-1 2 3 4 out closed!
6 5 7 8 9 java.io.IOException: Pipe closed
```

图 8.9 例 8-5 输出流图示

8.3.4 数据流

数据输入流 DataInputStream 和数据输出流 DataOutputStream 在提供了字节流的读写手段的同时，以统一的通用形式向输入流写入 boolean、int、long、double 等基本数据类型，并可以再次把基本数据类型的值读取回来。

DataInputStream 类的构造方法描述为：

  public DataInputStream(InputStream in)

DataOutputStream 类的构造方法描述为：

  public DataOutputStream(OutputStream out)

【例 8-6】 数据流示例。

```java
import java.io.*;
public class Example8_6
{
    public static void main(String arg[])
    {
        String fName = "student.txt";
        Student s1=new Student("Wang");
        s1.save(fName);
        Student s2=new Student("Li");
        s2.save(fName);
        Student.display(fName);
    }
}
class Student
{
    static int count=0;
    int number=1;
    String name;
    Student(String str){
        this.count++;                                    //编号自动加 1
        this.number = this.count;
        this.name = str;
```

```
        }
        void save(String fName){
            try{                                    //添加方式创建文件输出流
                FileOutputStream fOut = new FileOutputStream(fName,true);
                DataOutputStream Dout = new DataOutputStream(fOut);
                Dout.writeInt(this.number);
                Dout.writeChars(this.name+'\n');
                Dout.close();
            }
            catch (IOException e){ }
        }
        static void display(String fName){
            try{
                FileInputStream fIn = new FileInputStream(fName);
                DataInputStream dIn = new DataInputStream(fIn);
                int i = dIn.readInt();
                while (i!=-1)                       //输入流未结束时
                {
                    System.out.print(i+" ");
                    char ch;
                    while ((ch=dIn.readChar())!='\n')    //字符串未结束时
                        System.out.print(ch);
                        System.out.println();
                        i = dIn.readInt();
                }
                dIn.close();
            }
            catch (IOException e){
            }
        }
    }
```

例 8-6 中使用 DataInputStream 类逐一将 Student 对象的相关参数存入 student.txt 文件中，随后使用 DataOutputStream 类将 student.txt 文件中的数据逐一读出。程序运行结果如图 8.10 所示。

```
1 Wang
2 Li
```

图 8.10　例 8-6 输出流图示

8.4 字符流类

字节流不能操作 Unicode 字符，由于 Java 采用 16 位的 Unicode 字符，即一个字符占 16 位，所以要使用字符流，以提供直接的字符输入输出支持。在 Unicode 字符中，一个汉字被看成一个字符，占用 2 个字节，若使用字节流，读取不当会出现乱码，若采用字符流，则不会出现类似情形。

8.4.1 字符流类层次

字符流是从 Reader 和 Writer 派生出的一系列类，这类流以 16 位的 Unicode 码表示的字符为基本处理单位。

1. Reader 类

字符输入流类 Reader 的主要方法描述如下：

(1) public int read(CharBuffer target)：试图将字符读入指定的字符缓冲区。

(2) public int read()：读取单个字符。

(3) public int read(char[] cbuf)：将字符读入数组。

(4) public abstract int read(char[] cbuf,int off,int len)：将字符读入数组的某一部分。

(5) public long skip(long n)：跳过 n 个字符。

(6) public boolean ready()：判断是否准备读取此流。

(7) public boolean markSupported()：判断此流是否支持 mark()操作。

(8) public void mark(int readAheadLimit)：标记流中的当前位置。

(9) public void reset()：重置该流。

(10) public abstract void close()：关闭该流并释放与之关联的所有资源。

字符输入流类 Reader 的类层次如图 8.11 所示。

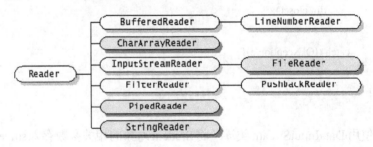

图 8.11 Reader 类层次

2. Writer 类

字符输出流类 Writer 的主要方法描述如下：

(1) public void write(int c)：写入单个字符。

(2) public void write(char[] cbuf)：写入字符数组。

(3) public abstract void write(char[] cbuf,int off,int len)：写入字符数组的某一部分。

(4) public void write(String str)：写入字符串。

(5) public void write(String str,int off,int len)：写入字符串的某一部分。

(6) public Writer append(CharSequence csq)：将指定字符序列添加到此 writer。

(7) public Writer append(CharSequence csq,int start,int end)：将指定字符序列的子序列添加到此 writer。

(8) public Writer append(char c)：将指定字符添加到此 writer。

(9) public abstract void flush()：刷新该流的缓冲。

(10) public abstract void close()：关闭此流，但要先刷新它。

字符输出流类 Writer 的类层次如图 8.12 所示。

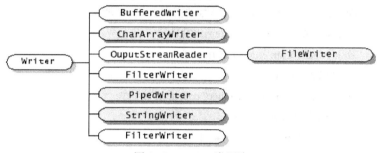

图 8.12　Writer 类层次

8.4.2　文件字符流

1. FileReader 类

文件字符输入流 FileReader 类按字符读取文件中的数据。在生成 FileReader 类的对象时，若指定文件找不到，则抛出 FileNotFoundException 异常，该异常必须声明捕获或抛出。该类的所有方法都通过继承得来，其构造方法主要有如下两种：

　　public FileReader (String name) throws FileNotFoundException

　　public FileReader (File file) throws FileNotFoundException

前者使用给定的文件名 name 创建对象，后者使用 File 对象 file 创建对象。构造方法参数所指定的文件成为输入流的源。

2. FileWriter 类

文件字符输出流 FileWriter 类按字符将数据写入到文件中。在生成 FileWriter 类的对象时，若指定文件不存在，则创建一个新文件；若指定文件存在，但它是一个目录，则会产生 IOException 异常。在进行文件读写操作时会产生 IOException 异常，该异常必须声明捕获或抛出。FileWriter 类的构造方法主要有如下几种：

　　public FileWriter (String name) throws IOException

　　public FileWriter (File file) throws IOException

前者使用给定的文件名 name 创建对象，后者使用 File 对象 file 创建对象。构造方法参数所指定的文件成为输出流的目的地。

　　public FileWriter (String name, Boolean append) throws IOException

　　public FileWriter (File file, Boolean append) throws IOException

当用构造方法创建指向一个文件的输出流时，如果参数 append 取值 true，若文件已存在，输出流不会刷新所指向的文件，顺序地向该文件输入数据。

【例 8-7】 使用 FileReader 和 FileWriter 读取文件和写入文件。

```java
import java.io.*;
public class Example8_7
{
    public static void main(String[] args) throws IOException
    {
        //创建字符数组并初始化
        String str = "IT 行业对 Java 人才的需求正在不断增长";
        char[] buffer = new char[str.length()];
        str.getChars(0, str.length(), buffer, 0);
        //创建 FileWriter
        FileWriter fw = new FileWriter("d:/test.txt");
        //逐个字符的输出到文件
        for(int i=0; i<buffer.length; i++){
            fw.write(buffer[i]);
        }
        fw.close();
        //创建 FileReader
        FileReader fr=new FileReader("d:/test.txt");
        //使用 FileReader 读取文件
        int n=0;
        while((n=fr.read(buffer,0,buffer.length))!=-1){
            String s=new String(buffer,0,n);
            System.out.println(s);
        }
        fr.close();
    }
}
```

程序运行结果如图 8.13 所示。

```
D:\test>java Example8_3
IT行业对Java人才的需求正在不断增长
```

图 8.13　例 8-7 输出流图示

8.4.3　缓冲流

如果读取文件时，每次只准备读取文件的一行，因为无法知道每行有多少个字符，因此使用 FileReader 就很难操作。缓冲输入流 BufferedReader 除了基本的 read()以外，提供按行读取文件的 readLine()方法，可以按行读取 FileReader 指向的文件。同时，缓冲输出流 PrintWriter 指向 FileWriter。

【例 8-8】 使用缓冲流拷贝文件并在新文件中每行加入行号，原文件内容为一段任意输入的文字，保存在 D 盘，文件名为：test.txt。运行本程序后，文件的内容按段落输入行号，生成当前目录下另一个同名文件。

```java
import java.io.*;
public class Example8_8
{
    public static void main(String[] args) throws IOException
    {
        FileReader fr=new FileReader("d:/test.txt");
        BufferedReader br=new BufferedReader(fr);
        FileWriter fw = new FileWriter("test.txt");
        BufferedWriter bw=new BufferedWriter(fw);
        String s=null;
        int i=0;
        while((s=br.readLine())!=null){
            i++;
            bw.write(i+" "+s);
            bw.newLine();
        }
        bw.flush();
        bw.close();
        fr.close();
    }
}
```

程序运行结果如图 8.14 所示。

图 8.14 例 8-8 运行结果

习 题

1. 什么叫流？流式输入输出有什么特点？
2. Java 流被分为字节流、字符流两大流类，两者有什么区别？
3. File 类有哪些构造函数和常用方法？
4. 利用文件输入输出流编写一个实现文件拷贝的程序，源文件名和目标文件名通过命令行参数传入。
5. 编写一个程序，在当前目录下创建一个子目录 test，在这个新创建的子目录下创建一个文件，并把这个文件设置成只读。
6. 位置指针的作用是什么？RandomAccessFile 类提供了哪些方法实现对指针的控制？
7. 什么情况下创建 FileInputStream 对象可能引发 IOException 异常？什么情况下创建 FileOutputStream 对象可能破坏文件？
8. 编写一个程序，从键盘输入一串字符，统计这串字符中英文字母、数字、其他符号的字符数。
9. 编写一个程序，从键盘输入一串字符，从屏幕输出并将其存入 a.txt 文件中。
10. 编写一个程序，从键盘输入 10 个整数，并将这些数据排序后在标准输出上输出。

第 9 章 图形用户界面设计

9.1 AWT、Swing 和 SWT

Java 语言的目标是成为一个"一次编写，到处运行(write once, run everywhere，即 WORE)"的环境。大多数情况下，Java 技术都可以实现目标，但是由于不同的平台有不同的图形用户界面(GUI)，实现这个目标变得比较困难。开发图形界面程序需要工具包，目前比较流行的 Java GUI 工具包有 AWT、Swing 和 SWT。之所以有多个工具包，是因为一个工具包并不能满足所有开发者的要求，也很难开发出一个可以满足所有要求的 GUI 工具包。每个工具包都有各自的优缺点，开发者可以根据自己和目标用户的需求来选择适当的工具包。下面我们来了解一下这些工具包。

9.1.1 AWT

Abstract Windows Toolkit(AWT)是最原始的 Java GUI 工具包。AWT 是一个非常简单且功能相对有限，包括 GUI 组件、布局管理器和事件的工具包。

AWT 可以看做是对原生组件的一个包装，例如在 Windows 操作系统下，当生成一个按钮时，Java 会通过 AWT 调用 Windows API 来创建原生按钮组件。这样的好处是控件的外观跟平台上其他软件保持一致，但这也带来问题。因为不同的平台下，GUI 组件不是完全相同的，有些组件只在某些平台上有，有些组件虽然在各种平台上都有，但是组件的行为却不完全一致。为了使得 Java 能够"一次编写，到处运行"，AWT 只得采用最大公约数原则，即 AWT 只拥有所有平台上都存在的组件的公有集合。最终的结果很不幸，有些经常使用的组件，例如表、树、进度条等都不支持。对于需要它们的应用程序来说，都要从头开始创建这些组件，这是一个很大的负担。

此外由于 AWT 要依赖平台 GUI 原生组件来实现 GUI，导致 GUI 的外观和行为(这一点更重要)在不同的平台上会有所不同。这会导致"编写一次，到处测试(write once, test everywhere，即 WOTE)"的情况发生，远远不能满足 Java 开发的要求。

鉴于上述缺点，一般不推荐使用 AWT。虽然如此，但 Swing 中的一些组件，如字体组件 Font、绘图组件 Graphics 等是由 Java 2D 提供的，它们是 AWT 的一部分。还有 Swing 中的消息处理机制，也是采用 AWT 中的机制，并没有再独创一套。

9.1.2 Swing

Swing 是试图解决 AWT 缺点的一种尝试。在 Swing 中，开发了一个经过仔细设计的、灵活而强大的轻量级 GUI 工具包。Swing 是在 AWT 组件基础上构建的，例如 Swing 中的类 JFrame 的父类是 AWT 中的类 Frame，因此 Swing 也可被视作 AWT 的一部分，或者为

AWT 的升级版。Swing 使用了 AWT 的事件模型和一些支持类，例如 Colors、Images 和 Graphics。

Swing 的特殊之处在于它是用纯 Java 写成的，因此里面的组件称之为轻量级组件。Swing 因为是用 Java 写成，所以它的一大优点就是可以跨平台运行，可以在所有平台上采用统一的行为。但轻量级组件的缺点是执行速度较慢。

轻量级组件在不同的平台上有相同的外观，这会使得 Windows 下的 Java 程序界面不像 Windows 程序，Linux 下的 Java 程序界面不像 Linux 程序，它们只像 Java 程序，这会使得程序的界面风格跟平台不一致。为解决这一问题，Swing 现在实时更换程序的外观主题(各种操作系统默认的特有主题)，然而它不是真的使用平台提供的原生主题，而是仅仅在表面上模仿它们。

综合来讲，Swing 具有内嵌于 Java 技术的优点，是完全可移植的，无可争议，它是一种很好的架构。本章后面的章节将对 Swing 的使用进行讲解。

9.1.3 SWT

Standard Widget Toolkit(SWT)，最初是由 IBM 开发的一套用于 Java 的图形用户界面系统，现在由 Eclipes 基金会负责维护，与 Swing 是竞争关系。

与 AWT 类似，SWT 也是基于原生组件实现的。如果某平台有对应的原生组件，SWT 则调用该原生组件；如果此平台没有对应的原生组件，SWT 则创建模拟组件。AWT 是可跨平台移植的，但是不同平台的 SWT 实现是不同的。可以说 SWT 综合了 AWT 和 Swing 的优点。

在跨平台能力方面，SWT 不如 Swing 优秀。但 SWT 具有可以作为本地应用程序实现的优点，性能较高一些，并允许利用基于 SWT 的 GUI 来实现本地兼容性。如果只为一种平台开发系统，可以优先选用 SWT。现在有一些成功的 SWT 案例，例如开源集成开发环境 Eclipse 就是用 Java 和 SWT 开发的。

9.2 一个简单例子

例 9-1 创建一个窗体，并设置窗体标题以及其他属性，然后显示窗体。所有的代码都在 HelloSwing.Java 文件中。

通过例 9-1 可以看出，创建一个 Java GUI 程序非常简单。在 main 方法中依次创建 JFrame 对象，设置其属性并显示。程序代码的每一行功能请参考代码的注释。需要注意的是，这个例子不是线程安全的，请参考相关编写线程安全的代码。

【例 9-1】 创建窗体并设置窗体标题以及其他属性，然后显示窗体。

```
import Javax.swing.*;
public class HelloSwing {
    public static void main(String[] args) {
        JFrame win = new JFrame("HelloSwing 的标题");
        win.setSize(250,100);           //设置窗口大小
```

win.setLocation(250,250);//设置窗口位置
//在窗体上添加一个标签
JLabel label = new JLabel("Hello Swing!");
win.add(label);
//关闭窗口时，释放该窗体
win.setDefaultCloseOperation(JFrame.DISPOSE_ON_CLOSE);
//使窗体可见
win.setVisible(true);
        }
    }

程序运行结果如图 9.1 所示。

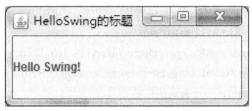

图 9.1　例 9-1 的运行结果

9.3　顶层容器

　　Swing 中提供的图形界面相关的类大致可以分两类：容器和组件。容器如 JFrame，被用来放置各种组件。组件可以放到中间容器中，也可以放到顶层容器中。中间容器有 JPanel 等，顶层容器有 JFrame、JDialog 和 JApplet。
　　JFrame 与 JDialog 的不同之处在于，JFrame 对象可以作为一个应用程序的主窗口，而 JDialog 对象需要依赖于一个 JFrame 对象，当 JFrame 对象被销毁时，JDialog 对象也将自动被销毁。JApplet 与 JFrame 和 JDialog 不同，它用于网页小程序开发，本章对之不做介绍。
　　使用 Swing 设计图形界面的过程，就是使用容器和组件构建一个树状结构的过程，这个树的顶层是顶层容器。Swing 设计的图形界面程序必须至少有一个顶层容器。设计图形界面需要注意如下几点：
　　(1) 每个 GUI 组件只能存在于一个容器中。如果已经将一个组件添加到了一个容器中，然后又将它添加到另一个容器，那么这个组件将从第一个容器中被删除，仅存在于第二个容器中。
　　(2) 每个顶层容器都会包含一个内容区，向这个区域中可以直接或者间接的放入组件。
　　(3) 顶层容器中可以添加菜单栏，当然也可以不添加。
　　【例 9-2】　使用一个例程 TopLevelDemo.Java 来展示容器和组件之间的关系。需要特别注意的是，在这个例程中为了线程安全，窗口的创建和显示从事件调度线程中调用，而不是直接从主线程中调用。关于 Swing 线程安全的内容请参考 9.12 节。
　　import java.awt.*;

```java
import Javax.swing.*;
public class TopLevelDemo {
    //创建图形用户界面,并显示
    //为了线程安全,这个方法应该
    //从事件调度线程中调用
    private static void createAndShowGUI() {
        //创建并设置窗体
        JFrame frame = new JFrame("TopLevelDemo");
        //设置窗体关闭时执行的动作
        frame.setDefaultCloseOperation(JFrame.EXIT_ON_CLOSE);
        //创建菜单栏,并将之设置为绿色背景
        JMenuBar greenMenuBar = new JMenuBar();
        greenMenuBar.setOpaque(true);
        greenMenuBar.setBackground(new Color(154, 165, 127));
        greenMenuBar.setPreferredSize(new Dimension(250, 20));
        //创建在内容区一个黄色的标签
        JLabel yellowLabel = new JLabel();
        yellowLabel.setOpaque(true);
        yellowLabel.setBackground(new Color(248, 213, 131));
        yellowLabel.setPreferredSize(new Dimension(250, 180));
        //添加菜单栏
        frame.setJMenuBar(greenMenuBar);
        //添加标签
        frame.getContentPane().add(yellowLabel, BorderLayout.CENTER);
        //自动调整窗体大小
        frame.pack();
        //显示窗体
        frame.setVisible(true);
    }
    public static void main(String[] args) {
        //为事件调度线程安排一个任务
        //创建并显示这个程序的图形用户界面
        Javax.swing.SwingUtilities.invokeLater(new Runnable() {
            public void run() {
                createAndShowGUI();
            }
        });
    }
}
```

在例 9-2 程中，创建了窗体对象 frame、菜单栏对象 greenMenuBar 和标签对象 yelloLabel。窗体对象 frame 是顶层容器，可以将菜单栏对象 greenMenuBar 放入其中。窗体中的菜单栏和内容区是并列关系，窗体含有一个默认的内容区，因此不需要显式地创建内容区。标签对象 yellowLabel 放入内容区。这些图形界面元素之间的树状关系如图 9.2 所示。程序的运行结果如图 9.3 所示。

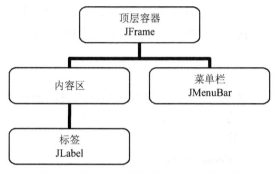

图 9.2　例 9-2 中的图形对象之间的关系

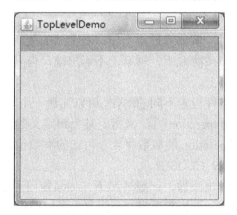

图 9.3　例 9-2 的运行结果

9.4　JFrame 窗体

Swing 程序中的 JFrame 窗体是一个包含标题栏、边框以及关闭按钮等的窗口。图形界面的程序一般至少包含一个窗体。需要注意的是，窗体的大小(宽度和高度)包括了边框和标题栏。

创建并设置窗体的流程可以参考 9.3 节中的例程，具体如下。

第 1 步：调用 JFrame 的构造方法创建窗体对象，参数为标题栏的标题。

　　JFrame frame = new JFrame("TopLevelDemo");

第 2 步：(可选)设置当窗体关闭时，执行什么动作。

　　frame.setDefaultCloseOperation(JFrame.EXIT_ON_CLOSE);

第 3 步：创建其他各种组件，并将它们放置在窗体上。如果窗体有菜单，也需要在此处创建菜单栏、菜单和菜单项，并将它们组织好后放置到窗体上。

```
JLabel yellowLabel = new JLabel();
    frame.getContentPane().add(yellowLabel, BorderLayout.CENTER);
```

第 4 步：设置窗体的大小。pack()方法可以自动调整窗体到合适的大小。当然也可使用 setSize()或 setBounds()方法来设置，后者不仅可以设置窗体大小，还可以设置窗体的位置。

```
    frame.pack();
```

第 5 步：显示窗体。setVisible(true)可以将窗体显示在屏幕上。使用 show()方法也可以达到同样的效果，但是从 JDK 1.5 开始，show()方法已被 setVisible(true)取代，因此不再建议使用。

```
    frame.setVisible(true);
```

在第 3 步中，将组件放置在窗体上，需要先获取内容区(content pane)，然后再将组件放入内容区中。由于窗体中有一个默认的内容区，且内容区不可为 null，所以放置组件到窗体上也可以使用如下简化代码：

```
    frame.add(yellowLabel, BorderLayout.CENTER);
```

9.4.1 窗口关闭事件

当用户关闭一个窗口时，例如通过点击窗口右上角的关闭按钮来关闭，默认的动作是将这个窗口隐藏。这个窗口被隐藏后，屏幕上不再出现，但是这个窗口依然存在，而且程序可以让它再次显示到屏幕上。

如果希望为窗口关闭事件设定不同的动作，可以注册一个窗口监听器来处理关闭事件，也可以使用 setDefaultCloseOperation 方法来指定某个预定义的动作，也可以两者都做。

方法 setDefaultCloseOperation 的参数有 4 个可选的参数值，这些参数值的定义如下：

DO_NOTHING_ON_CLOSE

当用户关闭窗口时什么也不做。一般情况下，如果使用了这个参数，程序需要设置一个窗口监听器，在 windowClosing 方法中做一些自定义的操作。

HIDE_ON_CLOSE

这个是 JFrame 和 JDialog 的默认参数。当用户关闭窗口时，将窗口隐藏。虽然窗口从屏幕上消失了，但是它可以随时再显示出来。

DISPOSE_ON_CLOSE

当用户关闭窗口时，隐藏并释放窗口。窗口不仅从屏幕上消失，而且窗口所有占用的资源也会被释放。当程序只有一个窗口时，窗口被释放掉后，程序也将退出，所以此时程序的响应与将参数设为 EXIT_ON_CLOSE 是类似的。

EXIT_ON_CLOSE

这个参数值只可用于 JFrame 类中，当设置这个参数后，System.exit(0)将被调用，应用程序将退出。

9.4.2 JFrame 中的常用方法

除了前面介绍的方法外，JFrame 中还有一些常用的方法，这些方法大致可以分为三类，分别如表 9.1～表 9.3 所示。

第 9 章 图形用户界面设计

表 9.1 创建和设置窗体

方 法	功 能 描 述
JFrame() JFrame(String title)	构造方法，创建一个窗体，新创建的窗体不显示在屏幕上。如果让窗体显示在屏幕上，需要调用 setVisible(true)。String 类型的参数 title 为窗体标题栏里的标题
void setDefaultCloseOperation(int operation) int getDefaultCloseOperation()	设置或者获取窗口关闭事件的操作。设置方法的参数和获取方法的返回值可以是下面四者之一： • DO_NOTHING_ON_CLOSE • HIDE_ON_CLOSE • DISPOSE_ON_CLOSE • EXIT_ON_CLOSE
void setIconImage(Image image) Image getIconImage()	设置或者获取窗体的图标。需要注意参数是 java.awt.Image 类型，而不是 javax.swing.ImageIcon 类型
void setTitle(String) String getTitle()	设置或者获取窗体的标题

表 9.2 设置窗体的大小和位置

方 法	功 能 描 述
void pack()	调整窗体大小，使得所有窗体上的所有组件的大小正合适
void setSize(int width, int height) void setSize(Dimension d) Dimension getSize()	设置或者获取窗体的大小。setSize 方法的整数参数指定了窗体的宽度和高度，也可以使用 Dimension 类型的对象来表示宽度和高度
void setBounds(int x, int y, int width, int height) void setBounds(Rectangle r) Rectangle getBounds()	设置窗体的大小和位置。x 和 y 表示窗体左上角的位置，窗体的大小由 width 和 height 指定，也可使用 Rectangle 类型的对象来表示位置和大小
void setLocation(int x, int y) Point getLocation()	设置或者获取窗体的左上角位置，x 和 y 表示窗体左上角的位置，也可使用 Point 类型的对象来表示位置
void setLocationRelativeTo(Component c)	移动窗体，使之位于指定组件的中央。如果参数 c 是 null，那么窗体将移动到屏幕的中央。如果希望一直保持窗体位于屏幕中央，那么在调整窗体大小后，需再次调用这个方法

表 9.3 跟内容区相关的方法

方 法	功 能 描 述
void setContentPane(Container c) Container getContentPane()	设置或者获取窗体的内容区。内容区用于放置所有窗体上的可视组件
void setJMenuBar(JMenuBar) JMenuBar getJMenuBar()	设置或获取菜单栏，菜单栏用于放置菜单
Component add(Component comp)	在窗体的默认内容区中添加一个组件

9.4.3 内部窗体

如果希望在窗体的内部添加内部窗体，首先需要为主窗体设置一个类型为 JDesktopPane 的内容区，然后将 JInternalFrame 类型的对象放置于 JDesktopPane 之上。内部窗体的效果如图 9.4 所示。详细的做法请查阅相关资料，此处不再赘述。

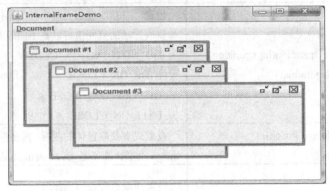

图 9.4 内部窗体的效果图

9.5 菜　　单

应用程序中的菜单有两种，一种是使用菜单栏的菜单，另一种是弹出式菜单。菜单栏一般位于应用程序窗口的上方；弹出式菜单平常处于不可见状态，当点击鼠标右键(不同的操作系统可能有所不同)时，会弹出供用户点击。

9.5.1 创建菜单

先介绍菜单栏菜单的使用，这需要分清菜单栏(menu bar)、菜单(menu)和菜单项(menu item)这三个概念。菜单栏指的是放置菜单的横条(有时也可为竖条)，菜单位于菜单栏之中，菜单项位于菜单之中。菜单之中也可再放置菜单，即子菜单。这三者之间的关系如图 9.5 所示。

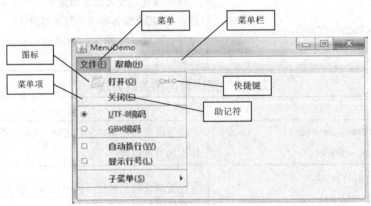

图 9.5 窗口中的菜单栏、菜单和菜单项及三者之间的关系

【例 9-3】 MenuDemo.Java 展示如何创建菜单栏、菜单和菜单项，以及如何将它们组织起来。其流程如下：

(1) 创建菜单栏，即 JMenuBar 对象 menuBar。

  menuBar = new JMenuBar();

(2) 创建菜单，即 JMenu 对象 menu，并将之添加到菜单栏 menuBar。

  menu = new JMenu("文件(F)");

  menuBar.add(menu);

(3) 创建所需的多个菜单项，即 JMenuItem 对象 menuItem，并将之添加到菜单 menu。

  menuItem = new JMenuItem("打开(O)", openIcon);

  menu.add(menuItem);

(4) 如果需要创建更多菜单，跳到第 2 步；如果所有菜单都已创建且加入到 menuBar，跳到下一步。

(5) 将菜单栏 menuBar 添加到窗口。

  frame.setJMenuBar(menuBar);

菜单项除了普通的菜单项 JMenuItem 外，还有单选菜单项 JRadioButtonMenuItem，以及多选菜单项 JCheckBoxMenuItem，其用法请参考例程 MenuDemo.Java。例 9-3 的运行结果如图 9.5 所示。

```java
import java.awt.*;
import java.awt.event.*;
import Javax.swing.*;
public class MenuDemo {
    //此方法创建一个菜单栏以及菜单和菜单项，并返回
    public JMenuBar createMenuBar() {
        JMenuBar menuBar;
        JMenu menu, submenu;
        JMenuItem menuItem;
        JRadioButtonMenuItem rbMenuItem;
        JCheckBoxMenuItem cbMenuItem;
        //创建菜单栏
        menuBar = new JMenuBar();
        //创建第一个菜单"文件"
        menu = new JMenu("文件(F)");
        //设置键盘助记符
        //设置了后，菜单标签文字中的 F 会被下划线
        menu.setMnemonic(KeyEvent.VK_F);
        //添加菜单"文件"到菜单栏
        menuBar.add(menu);
        //载入图标文件
        ImageIcon openIcon = createImageIcon("images/open.gif");
```

```java
//创建菜单项,并设置图标
menuItem = new JMenuItem("打开(O)",
                         openIcon);
//设置键盘助记符
menuItem.setMnemonic(KeyEvent.VK_O);
//设置快捷键 Ctrl+O
menuItem.setAccelerator(KeyStroke.getKeyStroke(
        KeyEvent.VK_O, ActionEvent.CTRL_MASK));
//添加菜单项到菜单中
menu.add(menuItem);
//创建菜单项,并设置助记符
menuItem = new JMenuItem("关闭(C)",
                         KeyEvent.VK_C);
//添加菜单项到菜单
menu.add(menuItem);
//添加一个分割线
menu.addSeparator();
//创建一个组,放置与此组里的单选菜单只能被选中一个
ButtonGroup group = new ButtonGroup();
//第一个单选菜单
rbMenuItem = new JRadioButtonMenuItem("UTF-8 编码");
rbMenuItem.setSelected(true);
rbMenuItem.setMnemonic(KeyEvent.VK_U);
group.add(rbMenuItem);
menu.add(rbMenuItem);
//第二个单选菜单
rbMenuItem = new JRadioButtonMenuItem("GBK 编码");
rbMenuItem.setMnemonic(KeyEvent.VK_G);
group.add(rbMenuItem);
menu.add(rbMenuItem);
//添加一个分割线
menu.addSeparator();
//第一个多选菜单
cbMenuItem = new JCheckBoxMenuItem("自动换行(W)");
cbMenuItem.setMnemonic(KeyEvent.VK_W);
menu.add(cbMenuItem);
//第二个多选菜单
cbMenuItem = new JCheckBoxMenuItem("显示行号(L)");
cbMenuItem.setMnemonic(KeyEvent.VK_L);
```

```java
            menu.add(cbMenuItem);
            //添加一个分割线
            menu.addSeparator();
            //创建一个子菜单
            submenu = new JMenu("子菜单(S)");
            submenu.setMnemonic(KeyEvent.VK_S);
            //创建一个菜单项,并将之加入子菜单中
            menuItem = new JMenuItem("菜单项 1");
            menuItem.setAccelerator(KeyStroke.getKeyStroke(
                    KeyEvent.VK_2, ActionEvent.ALT_MASK));
            submenu.add(menuItem);
            //再创建一个菜单项,并将之加入子菜单中
            menuItem = new JMenuItem("菜单项 2");
            submenu.add(menuItem);
            //将子菜单加入文件菜单中
            menu.add(submenu);
            //创建另一个菜单,并将之加入到菜单栏中
            menu = new JMenu("帮助(H)");
            menu.setMnemonic(KeyEvent.VK_H);
            menuBar.add(menu);
            //创建菜单项,并设置助记符
            menuItem = new JMenuItem("关于(A)",
                            KeyEvent.VK_A);
            //添加菜单项到菜单
            menu.add(menuItem);
            return menuBar;
    }
    //装载图标图形,并将之返回
    protected static ImageIcon createImageIcon(String path) {
            java.net.URL imgURL = MenuDemo.class.getResource(path);
            if (imgURL != null) {
                    return new ImageIcon(imgURL);
            }
            else {
                    System.err.println("文件不存在:" + path);
                    return null;
            }
    }
    //创建窗口,并显示
```

```
//为了线程安全,这个方法应该
//从事件调度线程中调用
private static void createAndShowGUI() {
    //创建窗体
    JFrame frame = new JFrame("MenuDemo");
    //设置窗体关闭时执行的动作
    frame.setDefaultCloseOperation(JFrame.EXIT_ON_CLOSE);
    //创建并设置菜单
    MenuDemo demo = new MenuDemo();
    frame.setJMenuBar(demo.createMenuBar());
    //设置窗口大小,并显示
    frame.setSize(450, 260);
    frame.setVisible(true);
}
public static void main(String[] args) {
    //为事件调度线程安排一个任务
    //创建并显示这个程序的图形用户界面
    Javax.swing.SwingUtilities.invokeLater(new Runnable() {
        public void run() {
            createAndShowGUI();
        }
    });
}
```

9.5.2 弹出式菜单

Java Swing 中的弹出式菜单可以使用 JPopupMenu 实现。实现流程如下:

(1) 创建弹出式菜单,即 JPopupMenu 类型的对象 popup。

```
JPopupMenu popup = new JPopupMenu();
```

(2) 创建多个菜单项,即 JMenuItem 类型的对象 menuItem,并将之添加到 popupMenu 中。

```
menuItem = new JMenuItem("复制(C)", KeyEvent.VK_C);
popup.add(menuItem);
```

(3) 为需要弹出式菜单的组件(如窗体、文本区等)创建鼠标监听器,当满足弹出条件时,则弹出菜单。

```
MouseListener popupListener = new PopupListener(popup);
frame.addMouseListener(popupListener);
```

【例 9-4】 程序 PopupMenuDemo.Java 展示了弹出式菜单的创建和设置。

```
import java.awt.*;
import java.awt.event.*;
```

```java
import javax.swing.*;
public class PopupMenuDemo {
    //此方法创建弹出式菜单
    public void createPopupMenu(Component comp) {
        JMenuItem menuItem;
        //创建弹出式菜单
        JPopupMenu popup = new JPopupMenu();
        //创建菜单项
        menuItem = new JMenuItem("复制(C)", KeyEvent.VK_C);
        //添加菜单项到弹出式菜单
        popup.add(menuItem);
        //创建菜单项
        menuItem = new JMenuItem("粘帖(P)", KeyEvent.VK_P);
        //添加菜单项到弹出式菜单
        popup.add(menuItem);
        //创建监听器
        MouseListener popupListener = new PopupListener(popup);
        //为 comp 添加鼠标监听器
        comp.addMouseListener(popupListener);
    }
    //创建窗口，并显示
    //为了线程安全，这个方法应该
    //从事件调度线程中调用
    private static void createAndShowGUI() {
        //创建窗体
        JFrame frame = new JFrame("PopupMenuDemo");
        //设置窗体关闭时执行的动作
        frame.setDefaultCloseOperation(JFrame.EXIT_ON_CLOSE);
        //创建，并设置弹出式菜单
        PopupMenuDemo demo = new PopupMenuDemo();
        demo.createPopupMenu(frame);
        //设置窗口大小，并显示
        frame.setSize(250, 200);
        frame.setVisible(true);
    }
    public static void main(String[] args) {
        //为事件调度线程安排一个任务
        //创建并显示这个程序的图形用户界面
        Javax.swing.SwingUtilities.invokeLater(new Runnable() {
```

```java
        public void run() {
            createAndShowGUI();
        }
    });
}
//内部类，鼠标事件监听，用于弹出式菜单显示
//由于在不同平台上，触发弹出式菜单的事件不同
//所以对对鼠标按下和弹起事件都进行了处理
//并使用 MouseEvent.isPopupTrigger()来判断是否弹出
class PopupListener extends MouseAdapter {
    JPopupMenu popup;
    //构造方法，设置弹出式菜单对象
    PopupListener(JPopupMenu popupMenu) {
        popup = popupMenu;
    }
    //鼠标按下事件
    public void mousePressed(MouseEvent e) {
        maybeShowPopup(e);
    }
    //鼠标弹起事件
    public void mouseReleased(MouseEvent e) {
        maybeShowPopup(e);
    }
    private void maybeShowPopup(MouseEvent e) {
        //如果是弹出式菜单触发事件
        if (e.isPopupTrigger()) {
            //在光标处弹出菜单
            popup.show(e.getComponent(),
                    e.getX(), e.getY());
        }
    }
}
```

其运行结果如图 9.6 所示。

图 9.6 在窗体上弹出菜单

9.5.3 菜单事件处理

点击菜单时，会触发 Action 事件。处理这个事件的监听器应该是一个实现自 ActionListener 接口类型的对象。通过如下代码，可以设置菜单项的 addActionListener 方法

的事件监听器，该方法定义如下：

    void addActionListener(ActionListener listener);

addActionListener 方法的参数 listener 的类型必须实现自 ActionListene 接口。ActionListener 接口中的方法为 actionPerformced。

Action 事件监听器的定义如下：

```
class MyActionListener implements ActionListener{
    public void actionPerformed(ActionEvent e){
        Object obj = e.getSource();              //获取激发事件的对象
        String cmd = e.getActionCommand();       //获取自定义的命令字符串
        //请在此处编写事件处理代码...
    }
}
```

【例 9-5】 MenuActionDemo.Java 为一个完整的菜单事件处理程序，实现功能为点击"退出"菜单项，将窗体关闭。

```
import java.awt.*;
import java.awt.event.*;
import javax.swing.*;
public class MenuActionDemo implements ActionListener{
    static JFrame frame;
    //此方法创建一个菜单栏以及菜单和菜单项，并返回
    public JMenuBar createMenuBar() {
        JMenuBar menuBar;
        JMenu menu;
        //创建菜单栏
        menuBar = new JMenuBar();
        //创建第一个菜单"文件"
        menu = new JMenu("文件");
        //添加菜单"文件"到菜单栏
        menuBar.add(menu);
        //创建菜单型"退出"
        JMenuItem menuItemExit = new JMenuItem("退出");
        //设置字符串命令
        menuItemExit.setActionCommand("exit");
        //设置菜单项监听器
        menuItemExit.addActionListener(this);
        menu.add(menuItemExit);
        return menuBar;
    }
    //事件处理方法
```

```java
public void actionPerformed(ActionEvent e){
    Object obj = e.getSource();              //获取激发事件的对象
    String cmd = e.getActionCommand();       //获取自定义的字符串命令
    if(cmd.equals("exit")){                  //如果是 menuItemExit 激发
        //销毁窗体，尽量不要用 System.exit();
        frame.dispose();
    }
}
//创建窗口，并显示
//为了线程安全，这个方法应该
//从事件调度线程中调用
private static void createAndShowGUI() {
    //创建窗体
    frame = new JFrame("MenuActionDemo");
    //设置窗体关闭时执行的动作
    frame.setDefaultCloseOperation(JFrame.EXIT_ON_CLOSE);
    //创建并设置菜单
    MenuActionDemo demo = new MenuActionDemo();
    frame.setJMenuBar(demo.createMenuBar());
    //设置窗口大小，并显示
    frame.setSize(450, 260);
    frame.setVisible(true);
}
public static void main(String[] args) {
    //为事件调度线程安排一个任务
    //创建并显示这个程序的图形用户界面
    Javax.swing.SwingUtilities.invokeLater(new Runnable() {
        public void run() {
            createAndShowGUI();
        }
    });
}
```

9.6 布局管理

布局管理器实现自 LayoutManager 接口，它被用于确定一个容器内组件的大小和位置。虽然也可以指定组件大小以及对齐方式，但是布局管理器是最终的确认者。

9.6.1 布局管理器的设置

使用布局管理器来管理容器中的组件的大小和位置，需要如下步骤。

1. 设置布局管理器

一般来说，需要设置布局管理器的容器只有 JPanel 和内容区(如 JFrame 的内容区)。JPanel 对象会有一个默认的 FlowLayout，可以不需要显式创建而直接使用，如果希望在 JPanel 上使用其他布局，则需要创建并设置为 JPanel 的布局管理器。JFrame 内容区默认的布局是 BorderLayout，但可以将之改为任何其他的布局管理器。

可以使用 JPanel 的构造方法来设置面板的布局管理器，如下：

JPanel panel = new JPanel(new BorderLayout());

如果是已有的容器，可以使用 Container 类(所有容器的父类)的 setLayout 方法来设置布局管理器，如下：

Container contentPane = frame.getContentPane();
contentPane.setLayout(new FlowLayout());

虽然建议在容器中使用布局管理器，但是不使用布局管理器也是可以的。将容器的布局管理器设置为 null，则容器不再拥有布局管理器。如果容器没有布局管理器，则必须为容器中的所有组件指定大小和位置。但这会带来一个问题，即调整窗口大小时，组件的位置和大小不会随之自动调整。

2. 添加组件到容器

可以使用容器类 Container 中的方法 add 将组件添加到容器中。add 方法的第二个参数跟布局管理器相关。例如在 BorderLayout 的容器中添加一个组件，可以使用下面这行代码，组件将被放置于容器右侧。

pane.add(aComponent, BorderLayout.PAGE_EAST);

将组件添加到容器中，必须在此容器上调用 validate 方法，以使新的组件显示出来。如果添加多个组件，那么可以在添加完所有组件之后，通过一次 validate 调用来提高效率。

3. 设定组件规则

在很多时候，前面两步就可以设置好容器中的组件布局。有时为了达到更好的效果，需要对组件的规则进行定制。例如可以通过组件的 setMinimumSize、setPreferredSize 和 setMaximumSize 指定组件的最小、首选和最大尺寸。下面这行代码可以设置组件的最大尺寸为无限大。

component.setMaximumSize(new Dimension(Integer.MAX_VALUE,
                              Integer.MAX_VALUE));

布局管理有多种，包括 FlowLayout、BorderLayout、GridLayout、CardLayout、BoxLayout、GridBagLayout、GroupLayout 和 SpringLayout 等。下面选择常用的几种来介绍。

9.6.2 FlowLayout

FlowLayout 是一种非常简单的布局，是 JPanel 对象的默认布局，其中的常用方法如表

9.4 所示。它将所有组件排成一行,每个组件的大小为首选大小(prefered size)。如果容器的宽度不足以将所有组件排成一行,那 FlowLayout 会采用多行放置这些组件,具体的效果请参考图 9.7 和图 9.8。在默认情况下,如果容器采用 FlowLayout 布局,那么组件按照从左到右的顺序排列,居中对齐。如果改变排列方式,可在创建对象时通过构造方法指定参数,或者通过 setAlignment 方法指定参数。

需要特别注意的是,如果容器采用 FlowLayout,组件调用 setSize 方法无法改变组件的大小。因为 setSize 方法无法改变布局采用的组件的首选大小,所以应该调用 setPreferredSize 方法来改变组件的大小。

表 9.4 FlowLayout 中的常用方法

方 法	功 能 描 述
FlowLayout() FlowLayout(int align) FlowLayout(int align, int hgap, int vgap)	构造一个新的 FlowLayout,它是居中对齐的,默认的水平和垂直间隔是 5 个单位。也可使用 align 参数指定对齐方式,hgap 和 vgap 指定空间之间的水平间隔和垂直间隔
void setAlignment(int align) int getAlignment()	设置和获取对齐方式,对齐方式的可能值是 FlowLayout.LEFT,FlowLayout.RIGHT,FlowLayout.CENTER,FlowLayout.LEADING,FlowLayout.TRAILING
void setHgap(int hgap) void setVgap(int vgap) int getHgap() int getVgap()	设置和获取组件之间的水平和垂直间隔,间隔以像素为单位

【例 9-6】 例程 FlowLayoutDemo.Java 的代码示例。

```
import java.awt.*;
import java.awt.event.*;
import javax.swing.*;
public class FlowLayoutDemo{
    //创建图形用户界面,并显示
    //为了线程安全,这个方法应该
    //从事件调度线程中调用
    private static void createAndShowGUI() {
        //创建并设置窗体
        JFrame frame = new JFrame("FlowLayoutDemo");
        frame.setDefaultCloseOperation(JFrame.EXIT_ON_CLOSE);
        //获取内容区
        Container pane = frame.getContentPane();
        //设置内容区布局为 FlowLayout
        pane.setLayout(new FlowLayout());
        //添加按钮
        pane.add(new JButton("按钮 1"));
```

```
            pane.add(new JButton("按钮 2"));
            pane.add(new JButton("按钮 3"));
            pane.add(new JButton("我是很长的按钮 4"));
            pane.add(new JButton("5"));
            //自动调整窗体大小
            frame.pack();
            //显示窗体
            frame.setVisible(true);
    }
    public static void main(String[] args) {
            //为事件调度线程安排一个任务
            //创建并显示这个程序的图形用户界面
            Javax.swing.SwingUtilities.invokeLater(new Runnable() {
                    public void run() {
                            createAndShowGUI();
                    }
            });
    }
}
```

程序执行结果如图 9.7 和图 9.8 所示。

图 9.7 采用 FlowLayout 来放置按钮

图 9.8 采用 FlowLayout 时，如容器宽度不够，组件会被放置到多行中

9.6.3 BorderLayout

如图 9.9 和图 9.10 所示，BorderLayout 有 5 个区域，分别为东、南、西、北和中(即 BorderLayout.EAST、BorderLayout.SOUTH、BorderLayout.WEST、BorderLayout.NORTH 和 BorderLayout.CENTER)如图 9.9 和图 9.10 所示。

图 9.9 采用 BorderLayout 来放置按钮

图 9.10 当采用 BorderLayout 的容器改变尺寸，其中的组件尺寸也随之改变

使用 BorderLayout 放置组件的代码如下：

//设置内容区布局为 BorderLayout
pane.setLayout(new BorderLayout());
//添加组件
pane.add(new JButton("东"), BorderLayout.EAST);
pane.add(new JButton("西"), BorderLayout.WEST);
pane.add(new JButton("南"), BorderLayout.SOUTH);
pane.add(new JButton("北"), BorderLayout.NORTH);
pane.add(new JButton("中"), BorderLayout.CENTER);

如果东、西、南和北四个区域中的任一个没有添加组件，那么中间区域将扩展到没有添加组件的区域。使用 BorderLayout 的容器最多只能放 5 个组件，每个区域只能放 1 个组件。如果某个区域添加两次组件，那么先添加的组件将会被后添加的组件替换。

9.6.4 GridLayout

GridLayout 对象将组件放置于一个网格中。每个组件都将充满整个网格，而且所有的网格的大小必须相同。如果采用 GridLayout 的容器改变尺寸，那么网格和其中组件的尺寸也随之改变，并尽可能充满整个容器，效果如图 9.11 和图 9.12 所示。由于 GridLayout 的这个特点，容器里面的组件会显得不美观，很多时候全选择使用容器嵌套，例如先使用 GridLayout 将容器分为三行一列，然后将另外一个容器添加到网格中。

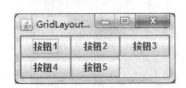

图 9.11　采用 GridLayout 来放置按钮　　图 9.12　当采用 GridLayout 的容器改变尺寸，
　　　　　　　　　　　　　　　　　　　　　　　　其中的组件尺寸也随之改变

创建 GridLayout 对象时，可以使用构造方法的参数指定网格的行数和列数。添加组件时，使用容器的 add 方法。第一次添加，是添加到第 1 行第 1 列；第二次添加，是添加到第 1 行第 2 列；以此类推。对于一个 2×3 的网格，连续添加 5 次组件，效果如图 9.11 所示。

使用 BorderLayout 放置组件的代码如下：

//设置内容区布局为 GridLayout
pane.setLayout(new GridLayout(2,3));
//添加按钮
pane.add(new JButton("按钮 1"));
pane.add(new JButton("按钮 2"));
pane.add(new JButton("按钮 3"));
pane.add(new JButton("按钮 4"));
pane.add(new JButton("按钮 5"));

9.6.5 BoxLayout

BoxLayout 能够将组件按水平布局或者垂直布局方式组织起来。与 FlowLayout 不同的是，即使容器尺寸改变，BoxLayout 也只有一行(或一列)。

BoxLayout 试图按照组件的首选宽度(对于水平布局)或高度(对于垂直布局)来排列它们。对于水平布局，如果并不是所有的组件都具有相同的高度，则 BoxLayout 会试图让所有组件都具有最高组件的高度。如果对于某一特定组件而言这是不可能的，BoxLayout 会根据该组件的 Y 调整值对它进行垂直调整。默认情况下，组件的 Y 调整值为 0.5，这意味着组件的垂直中心应该与其他 Y 调整值为 0.5 的组件的垂直中心具有相同的 Y 坐标。

同样地，对于垂直布局，BoxLayout 试图让列中的所有组件具有最宽组件的宽度。如果这样做失败，BoxLayout 会根据这些组件的 X 调整值对它们进行水平调整。对于 PAGE_AXIS 布局，基于组件的开始边水平调整。换句话说，如果容器的 ComponentOrientation 表示从左到右，则 X 调整值为 0.0 意味着组件的左边缘，否则它意味着组件的右边缘。

许多时候我们会使用 Box 类，而不是直接使用 BoxLayout。Box 类是使用 BoxLayout 的轻量级容器，它还提供了一些帮助使用 BoxLayout 的便利方法。获取想要的排列，将组件添加到多个嵌套的 Box 中是一种功能强大的方法。

使用 BoxLayout 的例子代码如下，其执行结果如图 9.13 和图 9.14 所示。

　　//设置内容区布局为 BoxLayout
　　pane.setLayout(new BoxLayout(pane, BoxLayout.Y_AXIS));
　　//添加按钮
　　pane.add(new JButton("按钮 1"));
　　pane.add(new JButton("按钮 2"));
　　pane.add(new JButton("按钮 3"));
　　pane.add(new JButton("我是很长很长的按钮 4"));
　　pane.add(new JButton("5"));

图 9.13　采用 BoxLayout 放置按钮　　图 9.14　当采用 BoxLayout 的容器改变尺寸，其中的组件位置和大小不会改变

9.7 常用组件

9.7.1 按钮

按钮在 Swing 中可使用 JButton 类来创建，JButton 类中常用的方法如表 9.5 所示。在

窗体上放置一个按钮非常简单，只需创建 JButton 对象，然后利用 JFrame.add 方法加入即可。JFrame 默认的布局是 BorderLayout，添加进去的按钮大小会随着窗口的大小改变而改变。因此可以先将按钮放到 JPanel 上，JPanel 采用 FlowLayout 布局，然后将 JPanel 对象放到 JFrame 窗体上，如例 9-7 程序 ButtonDemo.Java 所示。当然也可将窗体的布局设置为 FlowLayout，然后直接往窗体上放置按钮。

表 9.5　JButton 中常用的方法

方　法	功　能　描　述
JButton(String text) JButton(Icon icon) JButton(String text, Icon icon)	构造方法，创建按钮。text 是按钮上的文字，icon 是按钮上的图标
void setText(String s) String getText()	设置或获取按钮上的文字
void setIcon(Icon defaultIcon) Icon getIcon()	设置或获取按钮上的图标
void setMnemonic(int mnemonic)	设置按钮的键盘助记符。例如设置为 KeyEvent.VK_P，那么按下 Alt + P 相当于点击按钮
void addActionListener(ActionListener l) void removeActionListener(ActionListener l) ActionListener[] getActionListeners()	添加、移除或获取按钮监听器。参数 l 是要添加或者移除的监听器

为了处理按钮事件，需要给按钮对象指定动作监听器。在例 9-7 的程序 ButtonDemo.Java 中，ButtonDemo 类实现了 ActionListener 接口，所以 ButtonDemo 类型的对象可以作为按钮的动作监听器。为按钮 button1 指定动作监听器的代码如下：

```
button1.addActionListener(this);
```

ActionListener 接口中有方法 actionPerformed，当按钮事件激发时，这个方法中的代码将被执行。

【例 9-7】ButtonDemo.Java 的代码示例。

```
import java.awt.*;
import java.awt.event.*;
import javax.swing.*;
public class ButtonDemo   extends JPanel implements ActionListener {
    JButton button1, button2;
    //构造方法创建两个按钮
    ButtonDemo(){
        //创建按钮
        button1 = new JButton("按钮 1-按我");
        //设置键盘助记符
```

```java
            button1.setMnemonic(KeyEvent.VK_1);
            //设置按钮事件监听器
            button1.addActionListener(this);
            //放置按钮到窗体上
            this.add(button1);
            //创建按钮
            button2 = new JButton("按钮 2-按我");
            //设置键盘助记符
            button2.setMnemonic(KeyEvent.VK_2);
            //设置按钮事件监听器
            button2.addActionListener(this);
            //放置按钮到窗体上
            this.add(button2);
    }
    //事件处理方法
    public void actionPerformed(ActionEvent e) {
            //如果第一个按钮被按下
            if (button1 == e.getSource()) {
                    JOptionPane.showMessageDialog(this, "按钮 1 被击中。");
            }
            //如果第二个按钮被按下
            else if (button2 == e.getSource()) {
                    JOptionPane.showMessageDialog(this, "按钮 2 被击中。");
            }
    }
    //创建图形用户界面,并显示
    //为了线程安全,这个方法应该
    //从事件调度线程中调用
    private static void createAndShowGUI() {
            //创建并设置窗体
            JFrame frame = new JFrame("ButtonDemo");
            //设置窗体关闭时执行的动作
            frame.setDefaultCloseOperation(JFrame.EXIT_ON_CLOSE);
            ButtonDemo pane = new ButtonDemo();
            frame.add(pane);
            //设置窗体大小
            frame.setSize(250, 200);
            //显示窗体
            frame.setVisible(true);
```

```
        }
        public static void main(String[] args) {
            //为事件调度线程安排一个任务
            //创建并显示这个程序的图形用户界面
            Javax.swing.SwingUtilities.invokeLater(new Runnable() {
                public void run() {
                    createAndShowGUI();
                }
            });
        }
```
程序执行结果如图 9.15 所示。

图 9.15 例 9-7 的运行结果

9.7.2 标签

JLabel 标签用于文本字符串或图像或二者的显示，其常用的方法如表 9.6 所示。标签不对输入事件做出反应，因此，它无法获得键盘焦点。可以通过设置垂直和水平对齐方式，指定标签显示区中标签内容在何处对齐。默认情况下，标签在其显示区内垂直居中对齐。默认情况下，只显示文本的标签是左对齐；而只显示图像的标签则水平居中对齐。还可以使用 setIconTextGap 方法指定文本和图像之间应该出现多少像素，默认情况下为四个像素。

标签中的文字支持 HTML，为方便期间可以将大段的格式化文字使用标签来显示。关于 HTML 显示，请参考前面章节。

表 9.6 JLabel 中常用的方法

方 法	功 能 描 述
JLabel() JLabel(Icon image) JLabel(Icon image, int align) JLabel(String text) JLabel(String text, Icon image, int align) JLabel(String text, int align)	构造方法，创建标签对象，并使用指定的字符串 text，图标 image 以及对齐方式 align 初始化标签。align 的取值可为：LEFT、CENTER、RIGHT、LEADING 和 TRAILING
void setText(String text) String getText()	设置和获取字符串
void setIcon(Icon image) Icon getIcon()	设置和获取图标
void setIconTextGap(int n) int getIconTextGap()	设置和获取图标与文字之间的间距

可以在 JLabel 的构造方法中指定文字内容、图标以及对齐方式等。下面的代码创建了三个标签：第一个是图标和文字标签，第二个是纯文字标签，第三个是仅图标的标签。为了显示标签组件的大小，可以将标签的背景颜色设置为青色(Color.CYAN)。需要注意的是，

默认情况下标签组件背景是透明的,设置背景色不会引起外观的改变。如果希望设置背景颜色,首先需要调用 setOpaque(true)方法将之设置为不透明。

  JLabel label;
  //创建图标和文字标签
  label = new JLabel("图标和文字标签", icon,
      JLabel.CENTER);
  //设置为不透明
  label.setOpaque(true);
  //设置背景色为青色
  label.setBackground(Color.CYAN);
  //添加标签组件
  pane.add(label);
  //纯文字标签的创建和添加
  label = new JLabel("纯文字标签");
  label.setOpaque(true);
  label.setBackground(Color.CYAN);
  pane.add(label);
  //纯图标标签的创建和添加
  label = new JLabel(icon);
  label.setOpaque(true);
  label.setBackground(Color.CYAN);
  pane.add(label);

代码的执行结果如图 9.16 所示。

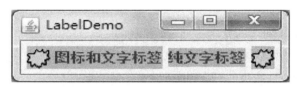

图 9.16 三种不同类型的标签

9.7.3 单选按钮

  单选按钮的按钮项可被选择或取消选择,可为用户显示其状态。单选按钮与 ButtonGroup 对象配合使用可创建一组按钮,一次只能选择其中的一个按钮。具体方法为创建一个 ButtonGroup 对象,并用 add 方法将 JRadioButton 对象包含在此组中。需要注意的是 ButtonGroup 对象为逻辑分组,不是物理分组,要创建按钮面板,仍需要创建一个 JPanel 或类似的容器来放置单选按钮。

  用户点击一个单选按钮时(即使它已经处于选中状态),按钮会触发 ActionEvent 事件,因此需要使用事件监听器来处理触发事件。事件监听器应该实现接口 ActionListener。此接口中的方法为 actionPerformed。设置单选按钮以及其事件处理方法如例 9-8 中的程序

RadioButtonDemo.Java 所示。

【例 9-8】 设置单选按钮以及其事件处理方法示例。

```java
import java.awt.*;
import java.awt.event.*;
import javax.swing.*;
public class RadioButtonDemo    extends JPanel
                            implements ActionListener{
    JLabel label;
    RadioButtonDemo(){
        super(new BorderLayout());
        //第一个单选按钮
        JRadioButton radio1 = new JRadioButton("单选按钮 1");
        radio1.setActionCommand("单选按钮 1 的命令");
        radio1.setSelected(true);
        //第二个单选按钮
        JRadioButton radio2 = new JRadioButton("单选按钮 2");
        radio2.setActionCommand("单选按钮 2 的命令");
        //第三个单选按钮
        JRadioButton radio3 = new JRadioButton("单选按钮 3");
        radio3.setActionCommand("单选按钮 3 的命令");
        //将单选按钮聚为一组
        ButtonGroup group = new ButtonGroup();
        group.add(radio1);
        group.add(radio2);
        group.add(radio3);
        //为单选按钮注册事件监听器
        radio1.addActionListener(this);
        radio2.addActionListener(this);
        radio3.addActionListener(this);
        //将三个单选按钮添加到一个 Panel 中
        JPanel radioPanel = new JPanel(new GridLayout(1, 3));
        radioPanel.add(radio1);
        radioPanel.add(radio2);
        radioPanel.add(radio3);
        this.add(radioPanel, BorderLayout.CENTER);
        //纯文字标签的创建和添加
        label = new JLabel("初始文字");
        this.add(label, BorderLayout.SOUTH);
    }
```

//按钮被选中时的处理方法
```
public void actionPerformed(ActionEvent e) {
    label.setText("被选中的单选框命令为："+ e.getActionCommand());
}
```
//创建图形用户界面，并显示
//为了线程安全，这个方法应该
//从事件调度线程中调用
```
private static void createAndShowGUI() {
    //创建并设置窗体
    JFrame frame = new JFrame("RadioButtonDemo");
    frame.setDefaultCloseOperation(JFrame.EXIT_ON_CLOSE);
    //设置内容区
    frame.setContentPane(new RadioButtonDemo());
    //自动调整窗体大小
    frame.pack();
    //显示窗体
    frame.setVisible(true);
}
public static void main(String[] args) {
    //为事件调度线程安排一个任务
    //创建并显示这个程序的图形用户界面
    Javax.swing.SwingUtilities.invokeLater(new Runnable() {
        public void run() {
            createAndShowGUI();
        }
    });
}
```
}

程序的运行结果如图 9.17 所示。

图 9.17　例 9-8 的运行结果

9.7.4　复选框

复选框与单选按钮非常相似，但有两点不同：第一，复选框可以多选；第二，复选框选择状态改变时触发 ItemEvent，而单选按钮是触发 ActionEvent。处理 ItemEvent 的接口是 ItemListener。ItemEvent 对象除了可以使用 getSource 方法获取触发事件的复选框，还可以使用 getItemSelectable 方法获取触发事件的复选框。

设置复选框以及其事件处理方法如例 9-9 中的程序 CheckBoxDemo.Java 所示。

【例 9-9】 设置复选框以及其事件处理方法示例。

```java
import java.awt.*;
import java.awt.event.*;
import javax.swing.*;
public class CheckBoxDemo    extends JPanel
                            implements ItemListener{
    JLabel label;
    JCheckBox check1, check2;
    CheckBoxDemo(){
        super(new BorderLayout());
        //第一个复选按钮
        check1 = new JCheckBox("是否换行");
        //第二个复选按钮
        check2 = new JCheckBox("是否大写");
        //为复选按钮注册事件监听器
        check1.addItemListener(this);
        check2.addItemListener(this);
        //将复选按钮添加到一个 Panel 中
        JPanel checkPanel = new JPanel(new GridLayout(1, 2));
        checkPanel.add(check1);
        checkPanel.add(check2);
        this.add(checkPanel, BorderLayout.CENTER);
        //纯文字标签的创建和添加
        label = new JLabel("初始文字");
        this.add(label, BorderLayout.SOUTH);
    }
    //按钮被选中时的处理方法
    public void itemStateChanged(ItemEvent e) {
        JCheckBox box = (JCheckBox)e.getItemSelectable();
        label.setText(box.getText() + "状态为：" + box.isSelected());
    }
    //创建图形用户界面，并显示
    //为了线程安全，这个方法应该
    //从事件调度线程中调用
    private static void createAndShowGUI() {
```

```
        //创建并设置窗体
        JFrame frame = new JFrame("CheckBoxDemo");
        frame.setDefaultCloseOperation(JFrame.EXIT_ON_CLOSE);
        //设置内容区
        frame.setContentPane(new CheckBoxDemo());
        //自动调整窗体大小
        frame.pack();
        //显示窗体
        frame.setVisible(true);
    }
    public static void main(String[] args) {
        //为事件调度线程安排一个任务
        //创建并显示这个程序的图形用户界面
        Javax.swing.SwingUtilities.invokeLater(new Runnable() {
            public void run() {
                createAndShowGUI();
            }
        });
    }
}
```
程序运行结果如图 9.18 所示。

图 9.18　例 9-9 的运行结果

9.7.5　下拉列表

下拉列表可以使用 JComboBox<E> 来实现，自 Java 7 开始，JComboBox 被定义为泛型类，其中的常用方法如表 9.7 所示。如果使用 Java 7 之前的 SDK，则用普通 JComboBox 类，否则使用 JComboBox<E> 泛型类。下面以泛型类为例说明。下拉列表对象的定义如下所示：

String[] strList = {"Google", "Baidu", "Bing", "Sogou"};

JComboBox<String> comboBox = new JComboBox<String>(strList);

在上面两行代码中，因为初始化下拉列表的数据为 String 类型字符串，所以需要指定泛型类为 JComboBox<String>。这样构造出的下拉列表如图 9.19 所示。

图 9.19 下拉列表

表 9.7 JComboBox<E>中常用的方法

方 法	功 能 描 述
JComboBox() JComboBox(E[] items) JComboBox(Vector<E> items)	构造方法，创建下拉列表。下拉列表中的内容可以由 items 参数指定
void addItem(E item) void insertItemAt(E item, int index)	添加或插入选项到下拉列表中。如果使用插入方式，那么将把选项插入到指定位置。在该位置上的原来的选项将被挤到后面
E getItemAt(int i) Object getSelectedItem()	获取第 i 个选项，或者当前被选中的选项
void removeAllItems() void removeItemAt(int i) void removeItem(Object object)	移除一个或者多个选项
int getItemCount()	获取选项的数目
void setEditable(boolean b) boolean isEditable()	设置或者获取下拉列表的是否可编辑
void addActionListener(ActionListener)	设置下拉列表的事件监听器。当用户选中一个选项，或者在可编辑的下拉列表中输入文字按回车后，监听器里的 actionPerformed 方法将被调用
void addItemListener(ItemListener)	设置下拉列表的选项状态监听器。当选项的状态发生改变时，监听器里的 itemStateChanged 方法将被调用

【例 9-10】选择下拉列表中的选项时，会触发 ActionEvent 事件，这个事件需要实现 ActionListener 接口来处理。本例程序 ComboBoxDemo.Java 即为详细的处理方法。

```
import java.awt.*;
import java.awt.event.*;
import javax.swing.*;
public class ComboBoxDemo    extends JPanel
                            implements ActionListener{
    JComboBox<String> comboBox;
```

```java
    JLabel label;
    ComboBoxDemo(){
        super(new BorderLayout());
        JPanel panel = new JPanel();
        //创建并设置下拉列表
        String[] strList = {"Google", "Baidu", "Bing", "Sogou"};
        //创建下拉列表，列表中选项为 strList 中内容
        comboBox = new JComboBox<String>(strList);
        //默认选中第 2 个(索引从 0 开始)，即"Bing"
        comboBox.setSelectedIndex(2);
        //设置事件监听器
        comboBox.addActionListener(this);
        //添加下拉列表到容器
        panel.add(comboBox);
        this.add(panel, BorderLayout.CENTER);
        //纯文字标签的创建和添加
        label = new JLabel("初始文字");
        this.add(label, BorderLayout.SOUTH);
    }
    //下拉列表选项选中时，对应的处理方法
    public void actionPerformed(ActionEvent e) {
        Object s =  e.getSource();
        if(s==comboBox)
            label.setText("被选中的是：" + comboBox.getSelectedItem());
    }
    //创建图形用户界面，并显示
    //为了线程安全，这个方法应该
    //从事件调度线程中调用
    private static void createAndShowGUI() {
        //创建并设置窗体
        JFrame frame = new JFrame("ComboBoxDemo");
        frame.setDefaultCloseOperation(JFrame.EXIT_ON_CLOSE);
        //设置内容区
        frame.setContentPane(new ComboBoxDemo());
        //调整窗体大小
        frame.setSize(250,150);
        //显示窗体
        frame.setVisible(true);
    }
```

```
        public static void main(String[] args) {
            //为事件调度线程安排一个任务
            //创建并显示这个程序的图形用户界面
            Javax.swing.SwingUtilities.invokeLater(new Runnable() {
                public void run() {
                    createAndShowGUI();
                }
            });
        }
    }
```

9.7.6 文本框与密码框

JTextField 是一个轻量级组件，它允许编辑单行文本，其中常用的方法如表 9.8 所示。当用户在文本框中输完文字按下回车键后，文本框会触发 ActionEvent 事件。如果希望编辑多行文本，需要使用文本区 JTextArea。

密码框也是一种文本框，Swing 中的密码框类 JPasswordField 是 JTextField 的子类，JPasswordField 中常用的方法如表 9.9 所示。在使用方法上二者非常相似，不同的是文本框使用 JTextField.getText 方法来获取文本框中的内容，密码框需要使用 JPasswordField.getPassword 方法来获取密码文本。需要特别注意的是，getPassword 方法返回的数据类型为字符数组(char[])，而不是 String。

表 9.8 JTextField 中常用的方法

方 法	功 能 描 述
JTextField() JTextField(String s) JTextField(String , int n) JTextField(int n)	构造方法。整数参数 n 用于指定文本框的列数；字符串参数 s 用于指定文本框中的初始字符串
void setText(String s) String getText()	设置或获取文本框中的字符串
void setEditable(boolean b) boolean isEditable()	设置文本框为是否可编辑；或获取文本框的编辑状态
void setColumns(int n); int getColumns()	设置或获取文本框的列数。这可被用来设置文本框的首选大小
void addActionListener(ActionListener a) void removeActionListener(ActionListener a)	添加或移除事件监听器
void selectAll()	选择文本框中的所有字符

第 9 章 图形用户界面设计

表 9.9　JPasswordField 中常用的方法

方　法	功　能　描　述
char[] getPassword()	以字符数组的格式返回密码框中的字符。注意：返回的不是 String 类型
void setEchoChar(char c) char getEchoChar()	设置或获取密码框中的回显字符。在密码框中输入字符时，往往使用某个特定字符(·或＊)代替真实字母来显示，这个字母可以用这个方法设置

如同前面提到的其他组件，使用文本框需要先创建文本框对象，并将之放置在某容器里，然后设置事件处理方法。

【例 9-11】 程序 TextFieldDemo.Java 展示了如何使用文本框和密码框。主窗体上有三个控件：文本框 textInput、密码框 passwordInput 和标签 label。文本框和密码框的事件处理方法都是 actionPerformed，在文本框或密码框中输入回车时，会激发此方法被执行。

```
import java.awt.*;
import java.awt.event.*;
import javax.swing.*;
public class TextFieldDemo    extends JPanel
                          implements ActionListener{
    JLabel label;
    JTextField textInput;
    JPasswordField passwordInput;
    TextFieldDemo(){
        super(new FlowLayout());
        //创建并设置文本框
        textInput = new JTextField(20);
        textInput.addActionListener(this);
        this.add(textInput);
        //创建并设置密码框
        passwordInput = new JPasswordField(20);
        passwordInput.addActionListener(this);
        this.add(passwordInput);
        //纯文字标签的创建和添加
        label = new JLabel("初始文字");
        this.add(label);
    }
    //修改文本框或密码框时，对应的处理方法
    public void actionPerformed(ActionEvent e) {
        Object s =   e.getSource();
```

```
            if(s==textInput)
                label.setText("文字是："+textInput.getText());
            else if(s==passwordInput){
                String pw = new String(passwordInput.getPassword());
                label.setText("密码是："+ pw);
            }
        }
        //创建图形用户界面，并显示
        //为了线程安全，这个方法应该
        //从事件调度线程中调用
        private static void createAndShowGUI() {
            //创建并设置窗体
            JFrame frame = new JFrame("TextFieldDemo");
            frame.setDefaultCloseOperation(JFrame.EXIT_ON_CLOSE);
            //设置内容区
            frame.setContentPane(new TextFieldDemo());
            //调整窗体大小
            frame.setSize(250,150);
            //显示窗体
            frame.setVisible(true);
        }
        public static void main(String[] args) {
            //为事件调度线程安排一个任务
            //创建并显示这个程序的图形用户界面
            Javax.swing.SwingUtilities.invokeLater(new Runnable() {
                public void run() {
                    createAndShowGUI();
                }
            });
        }
    }
```

程序运行结果如图 9.20 所示。

图 9.20　例 9-11 运行结果

9.7.7 文本区

JTextArea 文本区能够提供多行纯文本的编辑功能，其常用的方法如表 9.10 所示。如果希望文本能够使用多种字体、颜色等，需要使用 JEditorPane 或者其子类 JTextPane。

由于文本区中可能放入大量文字，因此需要配置滚动条。只要以文本区对象为参数，创建一个 JScrollPane 对象即可。配置滚动条的代码如下：

  textArea = new JTextArea(5, 20);
  JScrollPane scrollPane = new JScrollPane(textArea);
  frame.add(scrollPane);

JTextArea 的事件与 JTextField 有较大不同。文本区中插入和删除字符、改变文本区属性都可触发事件，事件类型为 DocumentEvent。为了处理事件，需要为文本区对象配置文档事件监视器。监视器需要实现 DocumentListener 接口，该接口中有三种方法：

  void insertUpdate(DocumentEvent e)
  void removeUpdate(DocumentEvent e)
  void changedUpdate(DocumentEvent e)

表 9.10　JTextArea 中常用的方法

方　　法	功　能　描　述
JTextArea() JTextArea(String s) JTextArea(String s, int r, int c) JTextArea(int r, int c)	构造方法。字符串类型的参数 s 为文本区的初始文本，整数类型的参数 r 和 c 分别为文本区的行数和列数

void setColumns(int c);
int getColumns()
void setRows(int r);
int getRows()
	设置或获取文本区的行数或列数

int setTabSize(int)	设定一个制表符占几个字符的空间
int setLineWrap(boolean)	当一行文字太长时，可以自动换行。默认状态是不自动换行
void append(String s)	在文本区文字的最后面附加字符串 s
void insert(String s, int n)	在指定的位置 n 处插入字符串 s
void replaceRange(String s, int start, int end)	将文本区中 start 和 end 之间的字符替换为 s
int getLineCount()	获取文本区文字的行数
int getLineOfOffset(int offset)	获取偏移量 offset 所在的行号
int getLineStartOffset(int line) int getLineEndOffset(int line)	获取第 line 行开始处和结束处的偏移量

【例 9-12】 在程序 TextAreaDemo 中，窗体上放置了一个 JTextArea 组件 textArea 和一个 JLabel 组件 label，label 用来显示 textArea 的状态和信息。

```java
import java.awt.*;
import java.awt.event.*;
import javax.swing.*;
import javax.swing.event.*;
public class TextAreaDemo    extends JPanel
                 implements DocumentListener{
    JLabel label;
    JTextArea textArea;
    TextAreaDemo(){
        super(new BorderLayout());
        //创建并设置文本框
        textArea = new JTextArea();
        //为文本框设置滚动条,并将文本框添加到中心区域
        this.add(new JScrollPane(textArea), BorderLayout.CENTER);
        //为文本区设置监听器
        textArea.getDocument().addDocumentListener(this);
        //纯文字标签的创建和添加
        label = new JLabel("我是状态条");
        this.add(label, BorderLayout.SOUTH);
    }
    //实现接口 DocumentListener 中的三个方法
    public void insertUpdate(DocumentEvent ev) {
        label.setText("文字插入事件,字符数:" +
                        textArea.getText().length() +
                        ",光标位于:" + textArea.getCaretPosition() );
    }
    public void removeUpdate(DocumentEvent ev) {
        label.setText("文字删除事件,字符数:" +
                        textArea.getText().length() +
                        ",光标位于:" + textArea.getCaretPosition() );
    }
    public void changedUpdate(DocumentEvent ev) {
        label.setText("属性改变事件,字符数:" +
                        textArea.getText().length() +
                        ",光标位于:" + textArea.getCaretPosition() );
    }
    //创建图形用户界面,并显示
    //为了线程安全,这个方法应该
    //从事件调度线程中调用
```

```java
        private static void createAndShowGUI() {
            //创建并设置窗体
            JFrame frame = new JFrame("TextAreaDemo");
            frame.setDefaultCloseOperation(JFrame.EXIT_ON_CLOSE);
            //设置内容区
            frame.setContentPane(new TextAreaDemo());
            //调整窗体大小
            frame.setSize(350,200);
            //显示窗体
            frame.setVisible(true);
        }
        public static void main(String[] args) {
            //为事件调度线程安排一个任务
            //创建并显示这个程序的图形用户界面
            Javax.swing.SwingUtilities.invokeLater(new Runnable() {
                public void run() {
                    createAndShowGUI();
                }
            });
        }
    }
```

程序运行结果如图 9.21 所示。

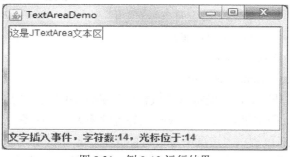

图 9.21　例 9-12 运行结果

9.7.8　进度条组件

进度条可以显示当前任务的执行进度,可大大提升一些耗时任务的用户友好程度。JProgressBar 以 value 属性表示该任务的"当前"状态,minimum 和 maximum 属性分别表示开始点和结束点。

要指示正在执行的一个未知长度的任务,可以将进度条设置为不确定模式。不确定模式的进度条持续地显示动画来表示正进行的操作。一旦可以确定任务长度和进度量,则应该更新进度条的值,将其切换回确定模式。确定模式的进度条和不确定模式的进度条分别如图 9.22 和图 9.23 所示。

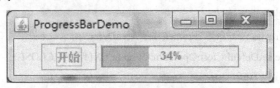

图 9.22　确定模式进度条组件

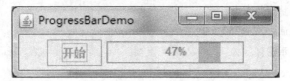

图 9.23　不确定模式进度条组件

下面是一个创建进度条的示例：

  progressBar = new JProgressBar(0, 100); //最小值和最大值分别为 0，100

  progressBar.setValue(0); //初始值为 0

  progressBar.setStringPainted(true); //显示百分比字符串

更新进度条值的示例：

  progressBar.setValue(progress);

下面的示例首先将进度条设置为不确定模式，然后在知道任务长度后切换回确定模式：

  progressBar = new JProgressBar();

  //这时不知任务长度，先设为不确定模式

  progressBar.setIndeterminate(true);

  ...

  //此时已经得知任务长度，设置进度条的最大值，当前值；并设置为确定模式

  progressBar.setMaximum(newLength);

  progressBar.setValue(newValue);

  progressBar.setIndeterminate(false);

  在实际应用程序开发中，一般将需要执行的任务跟 GUI 尽可能的分开，也就是将任务跟 GUI 更新分别置于不同的线程之中。根据任务进度来更新进度条，会涉及多线程之间的数据同步。不建议在任务线程中对进度条直接进行操作，这可能会引起一些很难调试的错误。

  【例 9-13】　程序 ProgressBarDemo.Java 介绍了更新进度条的方法。程序的运行流程如下：

  (1) 用户按下"开始"按钮，触发 ActionEvent。

  (2) 在按钮事件处理方法 actionPerformed 中创建 SwingWorker 类型的任务线程，并使之执行。

  (3) 任务线程执行(doInBackground 方法)，每执行一小段任务则使用 SwingWorker.setProgress 方法设置目前的进度。

  (4) SwingWorker.setProgress 方法触发 PropertyChangeEvent 事件，该事件处理方法被执行。

  (5) 在 PropertyChangeEvent 事件处理方法 propertyChange 更新进度条。

  程序 ProgressBarDemo.java 的处理结果如图 9.22 所示。

```java
import java.awt.*;
import java.awt.event.*;
import javax.swing.*;
import java.beans.*;
import java.util.Random;
public class ProgressBarDemo extends JPanel
                    implements ActionListener,
                            PropertyChangeListener {
    private JProgressBar progressBar;
    private JButton startButton;
    private Task task;
    //内部类，线程
    class Task extends SwingWorker<Void, Void> {
        //线程运行方法，一些耗时的任务可以置于此方法
        @Override
        public Void doInBackground() {
            int progress = 0;
            //初始化
            setProgress(0);
            //一个大循环
            while (progress < 100) {
                //用时 100 ms 来模拟任务耗时
                try {
                    Thread.sleep(100);
                } catch (InterruptedException ignore) { }
                progress += 1; //进度+1
                //设置进度，会触发 PropertyChangeEvent
                setProgress(progress);
            }
            return null;
        }
        //此方法在任务执行完毕时被调用
        @Override
        public void done() {
            // "滴" 一声，提醒用户
            Toolkit.getDefaultToolkit().beep();
            //让开始按钮回复可用
            startButton.setEnabled(true);
            //取消等待光标
```

```java
        setCursor(null);
    }
}
//构造方法
public ProgressBarDemo() {
    super(new FlowLayout());
    //创建"开始"按钮
    startButton = new JButton("开始");
    startButton.addActionListener(this);
    //创建进度条,最小值为 0,最大值为 100
    progressBar = new JProgressBar(0, 100);
    //进度条初始值设为 0
    progressBar.setValue(0);
    //显示进度字符串"?%"
    progressBar.setStringPainted(true);
    //添加组件到 JPanel
    this.add(startButton);
    this.add(progressBar);
}
//当"开始"按钮被按下时被调用
public void actionPerformed(ActionEvent evt) {
    //开始按钮禁用,防止再次被点击
    startButton.setEnabled(false);
    //鼠标的光标设为等待光标
    setCursor(Cursor.getPredefinedCursor(Cursor.WAIT_CURSOR));
    //SwingWorker 对象不可重复利用,故新创建后台线程
    task = new Task();
    //设置属性改变监听器
    task.addPropertyChangeListener(this);
    //线程开始执行
    task.execute();
}
//当任务属性改变时被调用
public void propertyChange(PropertyChangeEvent evt) {
    if ("progress" == evt.getPropertyName()) {
        int progress = (Integer) evt.getNewValue();
        progressBar.setValue(progress);//设置进度
    }
}
```

```java
//创建图形用户界面,并显示
//为了线程安全,这个方法应该
//从事件调度线程中调用
private static void createAndShowGUI() {
    //创建并设置窗体
    JFrame frame = new JFrame("ProgressBarDemo");
    frame.setDefaultCloseOperation(JFrame.EXIT_ON_CLOSE);
    //设置窗体内容区
    JComponent newContentPane = new ProgressBarDemo();
    frame.setContentPane(newContentPane);
    //调整窗体大小
    frame.pack();
    //显示窗体
    frame.setVisible(true);
}
public static void main(String[] args) {
    //为事件调度线程安排一个任务
    //创建并显示这个程序的图形用户界面
    Javax.swing.SwingUtilities.invokeLater(new Runnable() {
        public void run() {
            createAndShowGUI();
        }
    });
}
}
```

【例 9-14】 如果希望弹出一个对话框来显示进度,而不是与主界面集成在一起,可以自定义一个进度对话框。ProgressMonitor 类可以实现进度对话框。程序 ProgressMonitorDemo.Java 跟前面的 ProgressBarDemo.Java 非常类似,不同之处有三:

(1) 不需在主界面创建 JProgressBar,而是在"开始"按钮的事件处理方法 actionPerformed 中创建 ProgressMonitor 类型的对象 progressMonitor,即进度对话框。

(2) 在 PropertyChangeEvent 事件的处理方法 propertyChange 中加入用户是否按下"取消"的判断,如果按下,则将任务状态设置为 Cancelled。

(3) 任务执行时需要判断任务是否被取消。

如果要监控输入流的进度,可以使用 ProgressMonitorInputStream,这是个专为输入流定制的进度对话框。

```java
import java.awt.*;
import java.awt.event.*;
import javax.swing.*;
import java.beans.*;
```

```java
import java.util.Random;
public class ProgressMonitorDemo extends JPanel
                implements ActionListener,
                PropertyChangeListener {
    private JButton startButton;
    private JLabel label;
    private Task task;
    ProgressMonitor progressMonitor;
    //内部类，线程，
    class Task extends SwingWorker<Void, Void> {
        //线程运行方法，一些耗时的任务可以置于此方法
        @Override
        public Void doInBackground() {
            int progress = 0;
            //初始化
            setProgress(0);
            //一个大循环
            while (progress < 100 && !isCancelled()) {
                //用时 100ms 来模拟任务耗时
                try {
                    Thread.sleep(100);
                } catch (InterruptedException ignore) { }
                progress += 1; //进度+1
                //设置进度，会触发 PropertyChangeEvent
                setProgress(progress);
            }
            return null;
        }
        //此方法在任务执行完毕时被调用
        @Override
        public void done() {
            // "滴"一声，提醒用户
            Toolkit.getDefaultToolkit().beep();
            //让开始按钮回复可用
            startButton.setEnabled(true);
        }
    }
    //构造方法
    public ProgressMonitorDemo() {
```

```java
        super(new BorderLayout());
        //创建"开始"按钮
        JPanel panel= new JPanel(new FlowLayout());
        startButton = new JButton("开始");
        startButton.addActionListener(this);
        panel.add(startButton);
        label = new JLabel("请按开始按钮");
        //添加组件到 JPanel
        this.add(panel, BorderLayout.CENTER);
        this.add(label, BorderLayout.SOUTH);
    }
    //当"开始"按钮被按下时被调用
    public void actionPerformed(ActionEvent evt) {
        //创建进度条对话框
        progressMonitor = new
            ProgressMonitor(ProgressMonitorDemo.this, "可能要花几分钟，请耐心等候",
                    "进度条窗口标题", 0, 100);
        progressMonitor.setProgress(0);
        //SwingWorker 对象不可重复利用，故新创建后台线程
        task = new Task();
        //设置属性改变监听器
        task.addPropertyChangeListener(this);
        //线程开始执行
        task.execute();
        //开始按钮禁用，防止再次被点击
        startButton.setEnabled(false);
    }
    //当任务属性改变时被调用
    public void propertyChange(PropertyChangeEvent evt) {
        if ("progress" == evt.getPropertyName()) {
            int progress = (Integer) evt.getNewValue();
            //更新进度条的进度
            progressMonitor.setProgress(progress);
            //更新提示
            String message =
                String.format("已经完成 %d%%.\n", progress);
            progressMonitor.setNote(message);
            label.setText(message);
            //如果被需求，或者任务完成
```

```java
            if (progressMonitor.isCanceled() || task.isDone()) {
                //滴一声
                Toolkit.getDefaultToolkit().beep();
                //如果用户按了"取消"
                if (progressMonitor.isCanceled()) {
                    task.cancel(true);
                    label.setText("任务被用户取消.");
                } else {
                    label.setText("任务已经完成.");
                }
                //启用开始按钮
                startButton.setEnabled(true);
            }
        }
    }
    //创建图形用户界面, 并显示
    //为了线程安全, 这个方法应该从事件调度线程中调用
    private static void createAndShowGUI() {
        //创建并设置窗体
        JFrame frame = new JFrame("ProgressMonitorDemo");
        frame.setDefaultCloseOperation(JFrame.EXIT_ON_CLOSE);
        //设置窗体内容区
        JComponent newContentPane = new ProgressMonitorDemo();
        frame.setContentPane(newContentPane);
        //调整窗体大小
        frame.setSize(250,120);
        //显示窗体
        frame.setVisible(true);
    }
    public static void main(String[] args) {
        //为事件调度线程安排一个任务
        //创建并显示这个程序的图形用户界面
        Javax.swing.SwingUtilities.invokeLater(new Runnable() {
            public void run() {
                createAndShowGUI();
            }
        });
    }
}
```

程序 ProgressMonitorDemo.Java 的代码执行结果如图 9.24 所示。

图 9.24　例 9-14 运行结果

9.7.9　树组件

使用 JTree，能够以树状结构展示数据。但需要注意的是，JTree 对象并不能用来管理数据，它只能提供一个数据的视图。如果要建立数据之间的关系，需要使用 DefaultMutableTreeNode 对象。树组件的使用流程如下：

(1) 为每个节点创建一个 DefaultMutableTreeNode 对象。

(2) 使用 DefaultMutableTreeNode.add 方法，将这些对象组织为树状(被添加的节点是子节点)。

(3) 将上一步里的根节点作为 JTree 构造方法的参数，构建树状视图，即 JTree 对象。

(4) 为 JTree 对象设置事件处理监听器，当不同的节点被选中时，会触发事件。

(5) 将 JTree 对象放置在可视容器(如 JPanel，JFrame 等)中。

【例 9-15】　程序 TreeDemo.Java 提供树组件的详细创建过程。

```
import java.awt.*;
import javax.swing.*;
import javax.swing.tree.*;
import javax.swing.event.*;
public class TreeDemo extends JPanel
            implements TreeSelectionListener {
    private JTree tree;
    private JLabel label;
    public TreeDemo() {
        super(new BorderLayout());
        //创建节点
        DefaultMutableTreeNode guangdong =
            new DefaultMutableTreeNode("广东省");
        DefaultMutableTreeNode shenzhen =
            new DefaultMutableTreeNode("深圳市");
        DefaultMutableTreeNode guangzhou =
            new DefaultMutableTreeNode("广州市");
        //组织节点
```

```java
        guangdong.add(shenzhen);
        guangdong.add(guangzhou);
        shenzhen.add(new DefaultMutableTreeNode("罗湖区"));
        shenzhen.add(new DefaultMutableTreeNode("南山区"));
        shenzhen.add(new DefaultMutableTreeNode("福田区"));
        //创建一个JTree对象，每次只能选一个节点
        tree = new JTree(guangdong);
        tree.getSelectionModel().setSelectionMode
                (TreeSelectionModel.SINGLE_TREE_SELECTION);
        //当被选择的节点改变时，设置其事件的监听器
        tree.addTreeSelectionListener(this);
        //创建滚动面板
        JScrollPane treeView = new JScrollPane(tree);
        //添加
        this.add(treeView, BorderLayout.CENTER);
        //添加标签，作为状态栏
        label = new JLabel(" ");
        this.add(label, BorderLayout.SOUTH);
    }
    //树被选择的节点改变时，执行此方法
    public void valueChanged(TreeSelectionEvent e) {
        //获取被选中的节点
        DefaultMutableTreeNode node = (DefaultMutableTreeNode)
                        tree.getLastSelectedPathComponent();
        if (node == null) return;
        Object nodeInfo = node.getUserObject();
        if (node.isLeaf()) {//如果是叶节点
            label.setText("被选中的是叶节点：" + (String)nodeInfo);
        }
        else {
            label.setText("被选中的是中间节点：" + (String)nodeInfo);
        }
    }
    //创建图形用户界面，并显示
    //为了线程安全，这个方法应该
    //从事件调度线程中调用
    private static void createAndShowGUI() {
        //创建并设置窗体
        JFrame frame = new JFrame("TreeDemo");
```

```
        frame.setDefaultCloseOperation(JFrame.EXIT_ON_CLOSE);
        //设置窗体内容区
        frame.add(new TreeDemo());
        //调整窗体大小
        frame.pack();
        //显示窗体
        frame.setVisible(true);}
    public static void main(String[] args) {
        //为事件调度线程安排一个任务
        //创建并显示这个程序的图形用户界面
        Javax.swing.SwingUtilities.invokeLater(new Runnable() {
            public void run() {
                createAndShowGUI();
            }
        });
    }
}
```

程序运行结果如图 9.25 所示。

图 9.25　例 9-15 运行结果

9.8　常用对话框

对话框一般是非独立的，依赖于主窗口。对话框常用来临时性地显示提示信息、警告信息或错误信息给用户。除了简单的文字，对话框上也可以显示图像以及各种组件。Java 中的 JOptionPane 提供了一些静态方法，可以弹出一些常用的对话框。当然，如果这些预定义的常用对话框不能满足要求，可以使用 JDialog 类来定义自己的对话框。

JOptionPane 类中最常用的静态方法有 4 个，分别可以实现消息对话框、确认对话框、输入对话框以及自定义对话框。

除了 JOptionPane 提供的对话框，Swing 中还提供了选择文件用的 JFileChooser 以及选择颜色用的 JColorChooser。

9.8.1 消息对话框

静态方法 showMessageDialog 可以弹出消息对话框，该对话框用于提示用户某些信息。该方法的定义如下：

void showMessageDialog(Component parentComponent, Object message)

void void showMessageDialog(Component parentComponent, Object message, String title, int messageType)

void showMessageDialog(Component parentComponent, Object message, String title, int messageType, Icon icon)

该方法的用法以及效果可参考下面的代码实例。下面这行代码弹出一个消息对话框，使用默认的标题和默认图标。

JOptionPane.showMessageDialog(frame, "文件已经传输完毕。");

执行结果如图 9.26 所示。

图 9.26　使用默认标题和默认图标的消息对话框

下面这行代码弹出一个消息对话框，使用自定义的标题和警告图标。

JOptionPane.showMessageDialog(frame, "文件传输失败！",
　　　"这是警告", JOptionPane.WARNING_MESSAGE);

执行结果如图 9.27 所示。

图 9.27　使用自定义的标题和警告图标的消息对话框

下面这行代码弹出一个消息对话框，使用自定义的标题和错误图标。

JOptionPane.showMessageDialog(frame, "文件传输失败！",
　　　"这是错误", JOptionPane.ERROR_MESSAGE);

执行结果如图 9.28 所示。

图 9.28　使用自定义的标题和错误图标的消息对话框

下面这行代码弹出一个消息对话框，使用自定义的标题，不使用图标。
　　　　JOptionPane.showMessageDialog(frame, "文件已经传输完毕。",
　　　　　　　"纯文本消息", JOptionPane.PLAIN_MESSAGE);
执行结果如图 9.29 所示。

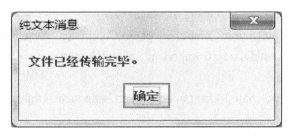

图 9.29　使用自定义的标题和不使用图标的消息对话框

9.8.2　确认对话框

静态方法 showConfirmDialog 可以弹出确认对话框，该对话框用于询问一个问题，要求用户确认问题，对话框上的按钮可以是 YES、NO 和 CANCEL。如果按下 YES 按钮，该方法的返回值为 YES_OPTION，NO 和 CANCEL 按钮分别为 NO_OPTION 和 CANCEL_OPTION。该方法的定义如下：

　　　　int showConfirmDialog(Component parentComponent, Object message)
　　　　int showConfirmDialog(Component parentComponent, Object message, String title, int optionType)
　　　　int showConfirmDialog(Component parentComponent, Object message, String title, int optionType, int messageType)
　　　　int showConfirmDialog(Component parentComponent, Object message, String title, int optionType, int messageType, Icon icon)

该方法的用法以及效果可参考下面的代码实例。下面这行代码弹出一个确认对话框，对话框上的按钮为 YES 和 NO。按键结果可以通过方法的返回值 n 获取到。
　　　　int n = JOptionPane.showConfirmDialog(frame,
　　　　　　　"您确定要接收此文件么？",
　　　　　　　"询问",
　　　　　　　JOptionPane.YES_NO_OPTION);
代码的执行结果如图 9.30 所示。

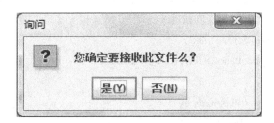

图 9.30　使用 YES 和 NO 按钮的确认对话框

9.8.3 输入对话框

静态方法 showInputDialog 可以弹出输入对话框，该对话框供用户输入文字或者选择选项，用户输入的信息作为返回值返回。该方法的定义如下：

  String showInputDialog(Object message)

  String showInputDialog(Component parentComponent, Object message)

  String showInputDialog(Component parentComponent, Object message, Object initialSelectionValue)

  String showInputDialog(Component parentComponent, Object message, String title, int messageType)

  String showInputDialog(Component parentComponent, Object message, String title, int messageType, Icon icon, Object[] selectionValues, Object initialSelectionValue)

该方法的用法以及效果可参考下面的代码实例。下面这行代码弹出一个输入对话框，对话框上的按钮为 OK 和 CANCEL。用户输入文字后，如果按 OK 按钮，用户输入的文字以 String 类型返回；如果按 CANCEL 按钮，返回 null。

  String s = JOptionPane.showInputDialog(frame,
        "请输入您所在城市名称：");

代码的执行结果如图 9.31 所示。

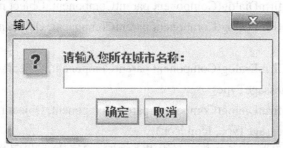

图 9.31 一个简单的输入对话框

下面的代码展示一个稍微复杂的例子，用户不能随意输入字符，只能从列表中的候选对象中选择。

  String[] cities = {"北京", "上海", "广州", "深圳"};

  String s = (String)JOptionPane.showInputDialog(
    frame,
    "请从下面的列表中\n"
    + "选择你所在的城市:",
    "城市选择对话框",
    JOptionPane.QUESTION_MESSAGE,
    null,
    cities, //可选范围
    cities[3]);//默认选项

代码的运行结果如图 9.32 所示。

图 9.32 使用列表的输入对话框

9.8.4 自定义对话框

静态方法 showOptionDialog 可以弹出一个对话框,这个对话框可以自定义较多的对话框,该方法的定义如下:

　　int showOptionDialog(Component parentComponent, Object message, String title, int optionType, int messageType, Icon icon, Object[] options, Object initialValue)

下面这行代码弹出一个确认对话框,对话框上有三个按钮,这三个按钮分别是 YES、NO 和 CANCEL,但按钮上的文字自定义为"同意接收","拒绝","我没有看见"。

　　String[] options = {"同意接收", "拒绝", "假装没有看见"};
　　int n = JOptionPane.showOptionDialog(frame,
　　　　"您确定要接收此文件么？",
　　　　"询问",
　　　　JOptionPane.YES_NO_CANCEL_OPTION,
　　　　JOptionPane.QUESTION_MESSAGE,
　　　　null,   //不使用自定义图标
　　　　options, //按钮上的文字
　　　　options[0]); //默认的文字标签

代码的执行结果如图 9.33 所示。

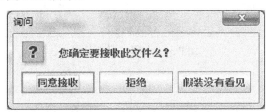

图 9.33 使用自定义文字按钮的确认对话框

9.8.5 文件对话框

在图形用户界面程序中,会经常用到打开文件对话框和保存文件对话框。Swing 中的 JFileChooser 类可以实现这两种对话框。如果要弹出打开文件对话框,只需执行 JFileChooser 中的 showOpenDialog 方法；如果要弹出保存文件对话框,只需执行 showSaveDialog 方法,非常方便。如果需要根据文件扩展名对文件名进行过滤,可以使用 setFileFilter 方法为

JFileChooser 对象设置一个过滤器，过滤器可由 FileNameExtensionFilter 实现。

下面是一个打开文件对话框的例子代码。

```
//创建对话框对象
JFileChooser chooser = new JFileChooser();
//创建文件扩展名过滤器，只显示 jpg 和 gif 扩展名
FileNameExtensionFilter filter = new FileNameExtensionFilter(
        "JPG & GIF Images", "jpg", "gif");
//为文件对话框设置扩展名过滤器
chooser.setFileFilter(filter);
//弹出打开对话框
int returnVal = chooser.showOpenDialog(frame);
//如果选择了文件，获取文件名并打印
if(returnVal == JFileChooser.APPROVE_OPTION) {
    System.out.println("你选择的文件是: " +
            chooser.getSelectedFile().getAbsolutePath());
}
```

程序执行结果如图 9.34 所示。

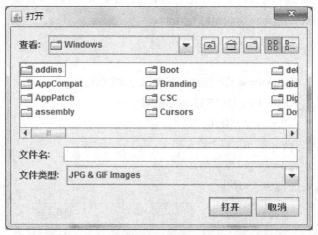

图 9.34　打开文件对话框

9.8.6　颜色对话框

JColorChooser 提供一个供用户操作和选择颜色的控制器对话框。可以使用其中的静态方法 showDialog 弹出一个对话框，从中选择颜色。这个方法的定义如下：

　　　　Color showDialog(Component comp, String title, Color initialColor)

参数 comp 是上级组件，对话框会显示在 comp 组件的中央。title 是对话框标题。initialColor 是初始颜色。这个方法的使用如下代码所示。

```
//弹出颜色选择框
Color color = JColorChooser.showDialog(frame, "请选择一种颜色", null);
if(color != null)
```

　　　　System.out.println("选中的颜色是：" + color);
　　else
　　　　System.out.println("用户取消了颜色选择");
程序执行结果如图 9.35 所示。

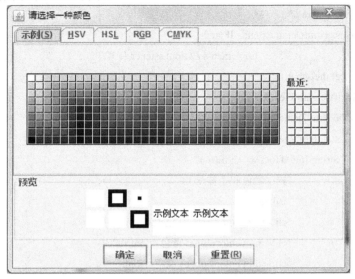

图 9.35　颜色选择对话框

9.9　在 Swing 组件中使用 HTML

　　许多 Swing 组件都支持文字显示。在默认情况下，组件上的文字使用同一种字体和同一种颜色显示，且显示为一行。可以通过组件的 setFont 和 setForeground 方法设置字体和颜色，但是这样设置后，组件上的所有文字使用一样的字体和颜色。例如下面的代码设置字体和颜色：

　　　　label = new JLabel("A label");
　　　　label.setFont(new Font("Serif", Font.PLAIN, 14));
　　　　label.setForeground(new Color(0xffffdd));

如果希望多种字体和多种颜色混用，或者希望多行显示文本，那么可以使用 HTML。Swing 中的按钮、菜单项、标签、工具提示、选项卡面板、树组件以及表格组件都支持 HTML。

　　如果希望组件上的文字使用 HTML 格式，只需在文字的开始处加上<html>，那么后面的文字就可以使用 HTML 了。一个简单的例子如下，其效果如图 9.36 所示。

　　　　button = new JButton("<html><u>T</u>wo
lines</html>");

图 9.36　使用 HTML 格式文字的按钮

【例 9-16】 程序 HtmlDemo.Java 提供了一个文本区供用户在里面输入 HTML，点击"变！"按钮，输入的 HTML 将作为 JLabel 标签上的文字。

```java
import java.awt.*;
import java.awt.event.*;
import javax.swing.*;
public class HtmlDemo extends JPanel
                           implements ActionListener {
    JLabel theLabel;
    JTextArea htmlTextArea;
    public HtmlDemo() {
        setLayout(new BoxLayout(this, BoxLayout.LINE_AXIS));
        String initialText = "<html>\n" +
                "测试颜色和字体:\n" +
                "<ul>\n" +
                "<li><font color=red>红色</font>\n" +
                "<li><font color=blue>蓝色</font>\n" +
                "<li><font color=green>绿色</font>\n" +
                "<li><font size=-2>小字体</font>\n" +
                "<li><font size=+2>大字体</font>\n" +
                "<li><i>斜体</i>\n" +
                "<li><b>粗体</b>\n" +
                "</ul>\n" +
                "</html>\n";
        //创建用于编辑 HTML 的文本区域
        htmlTextArea = new JTextArea(10, 20);
        htmlTextArea.setText(initialText);
        JScrollPane scrollPane = new JScrollPane(htmlTextArea);
        JButton changeTheLabel = new JButton("变！");
        changeTheLabel.setAlignmentX(Component.CENTER_ALIGNMENT);
        changeTheLabel.addActionListener(this);
        theLabel = new JLabel(initialText);
        theLabel.setPreferredSize(new Dimension(200, 200));
        theLabel.setMinimumSize(new Dimension(200, 200));
        theLabel.setMaximumSize(new Dimension(200, 200));
        theLabel.setVerticalAlignment(SwingConstants.CENTER);
        theLabel.setHorizontalAlignment(SwingConstants.CENTER);
        JPanel leftPanel = new JPanel();
        leftPanel.setLayout(new BoxLayout(leftPanel, BoxLayout.PAGE_AXIS));
        leftPanel.setBorder(BorderFactory.createCompoundBorder(
```

```java
            BorderFactory.createTitledBorder(
                "请输入 HTML 代码，然后点击"变！"按钮"),
            BorderFactory.createEmptyBorder(10,10,10,10)));
    leftPanel.add(scrollPane);
    leftPanel.add(Box.createRigidArea(new Dimension(0,10)));
    leftPanel.add(changeTheLabel);
    JPanel rightPanel = new JPanel();
    rightPanel.setLayout(new BoxLayout(rightPanel, BoxLayout.PAGE_AXIS));
    rightPanel.setBorder(BorderFactory.createCompoundBorder(
            BorderFactory.createTitledBorder("使用 HTML 的 JLabel"),
        BorderFactory.createEmptyBorder(10,10,10,10)));
    rightPanel.add(theLabel);
    setBorder(BorderFactory.createEmptyBorder(10,10,10,10));
    add(leftPanel);
    add(Box.createRigidArea(new Dimension(10,0)));
    add(rightPanel);
}
//按钮事件的处理方法
public void actionPerformed(ActionEvent e) {
    //将文本区里的字符串设为 theLabel 的文字
    theLabel.setText(htmlTextArea.getText());
}
//创建图形用户界面，并显示
//为了线程安全，这个方法应该
//从事件调度线程中调用
private static void createAndShowGUI() {
    //创建并设置窗体
    JFrame frame = new JFrame("HtmlDemo");
    frame.setDefaultCloseOperation(JFrame.EXIT_ON_CLOSE);
    //设置窗体内容区
    frame.add(new HtmlDemo());
    //调整窗体大小
    frame.pack();
    //显示窗体
    frame.setVisible(true);}
public static void main(String[] args) {
    //为事件调度线程安排一个任务
    //创建并显示这个程序的图形用户界面
    Javax.swing.SwingUtilities.invokeLater(new Runnable() {
```

```
            public void run() {
                createAndShowGUI();
            }
        });
    }
```
程序运行结果如图 9.37 所示。

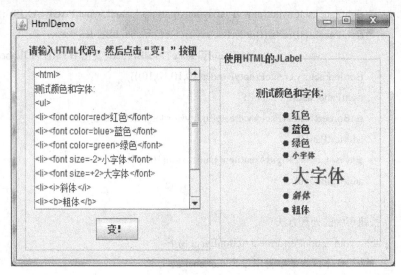

图 9.37　例 9-16 运行结果

9.10　事件处理

各种组件(如菜单、按钮、文本框等)的事件处理，在前面章节中已经有所介绍，所以本节主要介绍窗口事件、鼠标事件和键盘事件。

9.10.1　窗口事件

窗口(包括 JFrame 窗体和 JDialog 对话框)的状态发生变化时，会触发窗口事件(WindowEvent)。窗口事件根据类型不同，可以由三个监听器来处理：WindowListener、WindowFocusListener 和 WindowStateListener。下面以 WindowListener 为例介绍窗口事件的处理。

WindowListener 接口中定义了 7 个方法，用以处理大部分窗口事件，包括打开、将关闭、已关闭、设为活动窗口、设为非活动窗口、最小化和取消最小化。设置窗口事件监听器的方法 addWindowListener 定义如下：

　　　　void addWindowListener(WindowListener l)

addWindowListener 方法的参数是一个对象，其需要实现 WindowListener 接口。接口中的 7 个方法如表 9.11 所示，需要逐一实现。

第9章 图形用户界面设计

表 9.11 WindowListener 接口方法列表

方 法	功 能 描 述
public void windowClosing(WindowEvent e)	用户试图从窗口的系统菜单中关闭窗口时调用
public void windowClosed(WindowEvent e)	因对窗口调用 dispose 而将其关闭时调用
public void windowOpened(WindowEvent e)	窗口首次变为可见时调用
public void windowIconified(WindowEvent e)	窗口从正常状态变为最小化状态时调用
public void windowDeiconified(WindowEvent e)	窗口从最小化状态变为正常状态时调用
public void windowActivated(WindowEvent e)	将窗口设置为活动窗口时调用
public void windowDeactivated(WindowEvent e)	当窗口不再是活动窗口时调用

详细的窗口时间处理可以参考例程 WindowEventDemo.Java。当用户尝试关闭窗口时，弹出对话框要用户确认是否关闭。要实现这个功能，首先需要将窗体的默认关闭操作设为 JFrame.DO_NOTHING_ON_CLOSE，如下：

frame.setDefaultCloseOperation(JFrame.DO_NOTHING_ON_CLOSE);

然后在 windowClosing 方法中添加关闭操作的代码，只有用户确定要关闭时，才会调用 frame.dispose()进行关闭。代码如下：

```
public void windowClosing(WindowEvent e) {
    int n = JOptionPane.showConfirmDialog(frame,
            "您确定要关闭窗口么？",
            "询问",
            JOptionPane.YES_NO_OPTION);
    if(n==JOptionPane.YES_OPTION)
        frame.dispose();
}
```

【例 9-17】 窗口时间处理程序 WindowEventDemo.Java 示例。

```
import java.awt.*;
import java.awt.event.*;
import javax.swing.*;
public class WindowEventDemo extends JFrame
        implements WindowListener{
    static WindowEventDemo frame =
            new WindowEventDemo("WindowEventDemo");
    JTextArea display;
    public WindowEventDemo(String name) {
        super(name);
    }
    //设置窗体内容区
    private void addComponentsToPane() {
        display = new JTextArea();
```

```java
        display.setEditable(false);
        JScrollPane scrollPane = new JScrollPane(display);
        scrollPane.setPreferredSize(new Dimension(300, 250));
        getContentPane().add(scrollPane, BorderLayout.CENTER);
        this.addWindowListener(this);
    }
    public void windowClosing(WindowEvent e) {
        display.append("准备关闭窗口\n");
        int n = JOptionPane.showConfirmDialog(frame,
                    "您确定要关闭窗口么？",
                    "询问",
                    JOptionPane.YES_NO_OPTION);
        if(n==JOptionPane.YES_OPTION)
            frame.dispose();
    }
    public void windowClosed(WindowEvent e) {
        System.out.println("窗口已经关闭");
    }
    public void windowOpened(WindowEvent e) {
        display.append("窗口已打开\n");
    }
    public void windowIconified(WindowEvent e) {
        display.append("窗口已最小化.\n");
    }
    public void windowDeiconified(WindowEvent e) {
        display.append("窗口取消最小化.\n");
    }
    public void windowActivated(WindowEvent e) {
        display.append("窗口被设为活动.\n");
    }
    public void windowDeactivated(WindowEvent e) {
        display.append("窗口被设为非活动.\n");
    }
    public static void main(String[] args) {
        //为事件调度线程安排一个任务
        //创建并显示这个程序的图形用户界面
        Javax.swing.SwingUtilities.invokeLater(new Runnable() {
            public void run() {
                createAndShowGUI();
```

            }
        });
    }
    //创建窗口，并显示
    //为了线程安全，这个方法应该
    //从事件调度线程中调用
    private static void createAndShowGUI() {
        //设置 DO_NOTHING_ON_CLOSE
        //这样可以自定义关闭处理方法
        frame.setDefaultCloseOperation(JFrame.DO_NOTHING_ON_CLOSE);
        //设置内容区
        frame.addComponentsToPane();
        //设置窗口大小，并显示
        frame.pack();
        frame.setVisible(true);
    }
}
```

程序运行结果如图 9.38 所示。

图 9.38　例 9-17 运行结果

前面提到的窗口事件监听器实现自 WindowListener，需要实现接口中的 7 个方法。虽然很多时候我们只需要接口中的一两个方法，但也需要将所有方法逐一实现，为程序实现带来诸多不便。为解决这一问题，Java 中也提供了一个适配器类 WindowAdapter。

WindowAdapter 类实现了三个接口：WindowListener、WindowStateListener 和 windowFocusListener。窗口事件处理类只需要继承 WindowAdapter 类，并实现所需的方法即可，不需要实现所有方法。例如例 9-17 程序 WindowEventDemo.Java 中的关闭窗口确认功能部分，可以用如下代码替换：

```
public class WindowAdapterDemo extends JFrame{
    static WindowAdapterDemo frame =
```
```

```
            new WindowAdapterDemo("WindowAdapterDemo");
        JTextArea display;
        //设置窗体内容区
        private void addComponentsToPane() {
            ...
            this.addWindowListener(new MyWindowAdapter());//设置监听器
        }
        //为了便于访问 display 和 frame 变量，采用内部类处理窗口事件
        class MyWindowAdapter extends WindowAdapter{
            public void windowClosing(WindowEvent e) {
                display.append("准备关闭窗口\n");
                int n = JOptionPane.showConfirmDialog(frame,
                    "您确定要关闭窗口么？",
                    "询问",
                    JOptionPane.YES_NO_OPTION);
                if(n==JOptionPane.YES_OPTION)
                    frame.dispose();
            }
        }
    }
```

9.10.2 鼠标事件

跟鼠标相关的事件有三个：鼠标事件、鼠标移动事件和滚轮事件。当鼠标进入、离开组件时，或者在组件上点击、按下或释放鼠标时，会触发鼠标事件。在某个组件上一直跟踪鼠标需要更多的系统开销，因此 Swing 中设计了专门的鼠标移动事件处理机制。当鼠标在组件上移动或者按下鼠标拖动时触发鼠标移动事件。滚动鼠标的滚轮时触发滚轮事件。

鼠标事件、鼠标移动事件和滚轮事件这三个事件分别对应三个接口：MouseListener、MouseMotionListener 和 MouseWheelListener。将这三个接口实现，可以作为相应鼠标事件的监听器。这三个接口中的方法如表 9.12～表 9.14 所示。

表 9.12 鼠标事件 MouseListener 接口方法列表

MouseListener 中的方法	功能描述
void mouseClicked(MouseEvent e)	鼠标按键在组件上单击(按下并释放)时调用
void mouseEntered(MouseEvent e)	鼠标进入到组件上时调用
void mouseExited(MouseEvent e)	鼠标离开组件时调用
void mousePressed(MouseEvent e)	鼠标按键在组件上按下时调用
void mouseReleased(MouseEvent e)	鼠标按钮在组件上释放时调用

第9章 图形用户界面设计

表 9.13 鼠标事件 MouseMotionListener 接口方法列表

MouseMotionListener 中的方法	功 能 描 述
void mouseDragged(MouseEvent e)	鼠标按键在组件上按下并拖动时调用
void mouseMoved(MouseEvent e)	鼠标光标移动到组件上但无按键按下时调用

表 9.14 鼠标事件 MouseWheelListener 接口方法列表

MouseWheelListener 中的方法	功 能 描 述
void mouseWheelMoved(MouseWheelEvent e)	鼠标滚轮旋转时调用

如同窗口事件，Java 中也提供了鼠标事件适配器。鼠标事件适配器 MouseAdapter 类实现了 MouseListener、MouseMotionListener 和 MouseWheelListener 三个接口。鼠标事件处理类只需要继承 MouseAdapter 类，并实现所需的方法即可，并不需要实现所有方法。

要为某个组件添加鼠标事件监听器，根据鼠标事件的类型，可用如下三种方法设置。

　　void addMouseListener(MouseListener l);
　　void addMouseMotionListener(MouseMotionListener l);
　　void addMouseWheelListener(MouseWheelListener l);

【例 9-18】程序 MouseAdapterDemo.Java 展示了如何跟踪光标进入和离开组件 panel，以及光标在组件 panel 上的运动。负责处理鼠标事件的内部类 MyMouseAdapter 类，这个类是鼠标事件适配器 MouseAdapter 类的子类。在 MyMouseAdapter 类中，只需要实现所需的三个方法 mouseEntered，mouseExited 和 mouseMoved 即可，而不需要实现其他方法。

```java
import java.awt.*;
import java.awt.event.*;
import javax.swing.*;
public class MouseAdapterDemo extends JFrame{
    static MouseAdapterDemo frame =
            new MouseAdapterDemo("MouseAdapterDemo");
    JPanel panel;
    JLabel label1;
    JLabel label2;
    public MouseAdapterDemo(String name) {
        super(name);
    }
    //设置窗体内容区
    private void addComponentsToPane() {
        panel = new JPanel();
        panel.setPreferredSize(new Dimension(300, 200));
        panel.setBackground(Color.YELLOW);
        //创建鼠标事件监听器
        MyMouseAdapter listener = new MyMouseAdapter();
        //设置鼠标事件监听器
```

```java
        panel.addMouseListener(listener);
        //设置鼠标移动事件监听器
        panel.addMouseMotionListener(listener);
        this.add(panel, BorderLayout.CENTER);
        JPanel bar = new JPanel();
        bar.setLayout(new BoxLayout(bar, BoxLayout.Y_AXIS));
        label1 = new JLabel("鼠标事件: ");
        label2 = new JLabel("鼠标移动: ");
        bar.add(label1);
        bar.add(label2);
        this.add(bar, BorderLayout.SOUTH);
    }
    public static void main(String[] args) {
        //为事件调度线程安排一个任务
        //创建并显示这个程序的图形用户界面
        Javax.swing.SwingUtilities.invokeLater(new Runnable() {
            public void run() {
                createAndShowGUI();
            }
        });
    }
    //创建窗口,并显示
    //为了线程安全,这个方法应该
    //从事件调度线程中调用
    private static void createAndShowGUI() {
        //设置 DO_NOTHING_ON_CLOSE
        //这样可以自定义关闭处理方法
        frame.setDefaultCloseOperation(JFrame.DISPOSE_ON_CLOSE);
        //设置内容区
        frame.addComponentsToPane();
        //设置窗口大小,并显示
        frame.pack();
        frame.setVisible(true);
    }
    //内部类,处理鼠标事件
    class MyMouseAdapter extends MouseAdapter{
        public void mouseEntered(MouseEvent e) {
            label1.setText("鼠标事件: 进入");
        }
```

```
            public void mouseExited(MouseEvent e) {
                label1.setText("鼠标事件：离开");
            }
            public void mouseMoved(MouseEvent e) {
                int x = e.getX();
                int y = e.getY();
                label2.setText("鼠标移动：x=" + x + ",  y=" + y);
            }
        }
    }
```
程序的运行结果如图 9.39 所示。

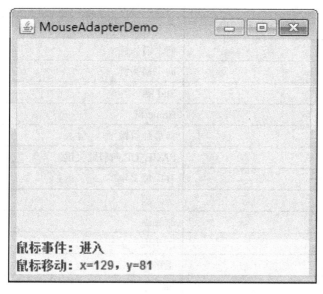

图 9.39　例 9-18 运行结果

9.10.3　键盘事件

当组件获取了键盘焦点，再按下或释放按键会触发键盘事件，键盘事件 KeyEvent 的常用方法如表 9.15 所示。组件可以使用 addKeyListener 添加键盘事件监听器，监听器是一个对象，这个对象的类必须实现自 KeyListener 接口或者继承自 KeyAdapter 抽象类。KeyListener 接口中有三个方法，这三个方法的定义如表 9.16 所示。

表 9.15　键盘事件 KeyEvent 常用方法

KeyEvent 类中的方法	功　能　描　述
char getKeyChar()	返回与此事件中的键关联的字符
int getKeyCode()	返回与此事件中的键关联的整数键码
int getModifiers()	返回此事件的修饰符掩码
static String getKeyText(int keyCode)	返回描述 keyCode 的 String，如 "HOME"、"F1" 或 "A"

表 9.16　键盘事件 KeyListener 接口方法

KeyListener 接口中的方法	功 能 描 述
void keyPressed(KeyEvent e)	按下某个键时调用此方法
void keyReleased(KeyEvent e)	释放某个键时调用此方法
void keyTyped(KeyEvent e)	键入某个键时调用此方法

getKeyChar 返回事件所关联的字符，是 Unicode 字符，所以可以是中文。而 getKeyCode 不同，它返回的是键盘上的键码，键码用于标识键盘上的某个键。部分键码如表 9.17 所示。

表 9.17　部分键码列表

键　　码	键
VK_F1～VK_F12	功能键 F1～F12
VK_LEFT	向左箭头键
VK_RIGHT	向右箭头键
VK_UP	向上箭头键
VK_DOWN	向下箭头键
VK_END	End 键
VK_HOME	Home 键
VK_PAGE_DOWN	向后翻页键
VK_PAGE_UP	向前翻页键
VK_PRINTSCREEN	打印屏幕键
VK_INSERT	插入键
VK_DELETE	删除键
VK_ENTER	回车键
VK_BACK_SPACE	退格键
VK_ESCAPE	Esc 键
VK_SPACE	空格键
VK_0～VK_9	0～9 键
VK_A～VK_Z	A～Z 键

键盘事件有两种通知，分别为：

(1) Unicode 字符的键入。

(2) 键盘上某个键的按下或者释放。

如果要获得键入的 Unicode 字符，需要在 keyTyped 方法中获取，keyPressed 和 keyReleased 只能获得按下的键，而不是字符。例程 KeyEventDemo.java 展示了这三个方法的使用。在例 9-19 中，使用拼音输入法输入中文字符"你"，需要首先按下键盘键"n"和"i"，然后按空格键将"你"输入到文本框，从命令行窗口可知事件处理方法的输出结果，如图 9.40 所示。从例 9-19 中还可以看出，如果想要获取输入的字符，需要使用 keyTyped 方法，图 9.40 和图 9.41 分别为获得字符"你"和"a"的键盘事件示意图；如果想要知道哪些按键被按下，需要使用 keyPressed 方法。有时候需要多个按键组合才能输入一个字符，如图 9.40 所示，按下"n"和"i"键，才能输入"你"。

【**例 9-19**】KeyListener 接口中三种方法的应用示例程序 KeyEventDemo.java，使用拼音输入法输入字符"你"。

```java
import java.awt.*;
import java.awt.event.*;
import javax.swing.*;
public class KeyEventDemo extends JFrame{
    static KeyEventDemo frame =
                new KeyEventDemo("KeyEventDemo");
    KeyEventDemo(String title){ super(title); }
    private void addComponentsToPane() {
        this.setLayout(new FlowLayout());
        JTextField countInput = new JTextField(10);
        //设置文本输入框的键盘监听器
        countInput.addKeyListener(new MyKeyListener());
        this.add(new JLabel("请输入数目:"));
        this.add(countInput);
    }
    //创建窗口，并显示
    //为了线程安全，这个方法应该
    //从事件调度线程中调用
    private static void createAndShowGUI() {
        frame.setDefaultCloseOperation(JFrame.DISPOSE_ON_CLOSE);
        frame.addComponentsToPane();//设置内容区
        //设置窗口大小，并显示
        frame.pack();
        frame.setVisible(true);
    }
    public static void main(String[] args) {
        //为事件调度线程安排一个任务
        //创建并显示这个程序的图形用户界面
        Javax.swing.SwingUtilities.invokeLater(new Runnable() {
            public void run() {
                createAndShowGUI();
            }
        });
    }
}
class MyKeyListener implements KeyListener{
    public void keyPressed(KeyEvent e){//按下
```

```
            char c = e.getKeyChar();
            System.out.println("Pressed,char="+c);
            int code = e.getKeyCode();
            System.out.println("pressed,code="+
                    KeyEvent.getKeyText(code));
        }
        public void keyReleased(KeyEvent e){//释放
            char c = e.getKeyChar();
            System.out.println("Released,char="+c);
            int code = e.getKeyCode();
            System.out.println("Released,code="+
                    KeyEvent.getKeyText(code));
        }
        public void keyTyped(KeyEvent e){//输入
            char c = e.getKeyChar();
            System.out.println("Typed,char="+c);
            int code = e.getKeyCode();
            System.out.println("Typed,code="+
                    KeyEvent.getKeyText(code));
        }
    }
}
```

程序运行结果如图 9.40 所示。

图 9.40 输入中文"你"所触发的键盘事件

图 9.41 输入字母"a"所触发的键盘事件

9.11 界面外观

界面外观(look and feel)其实包含两层意思：其中的 look 指的是组件的外观，feel 指的是组件的行为。Swing 在不同的平台下采用的默认外观是 Metal 风格，如图 9.41 所示。这样的外观很容易辨认出这是一个 Java 程序。除了默认的外观，Swing 中还有多种其他外观，这些外观大致可分为四类：

(1) 跨平台外观：如 Metal 和 Nimbus 是两种跨平台外观，在所有平台上都可以使用这些外观。

(2) 平台相关外观：不同的平台下，都有一些平台相关的外观。例如 Windows 下有 Windows 和 Windows Classic；拥有 GTK+的 Linux 以及 Solaris 等平台下有 GTK+外观；苹果 Mac OS X 下有 Mac OS X 外观。

(3) 自定义外观：可以在 Javax.swing.plaf.synth 包的帮助下，使用一个 XML 文档自定义外观。

(4) 混合外观：多种外观混合使用。

设置外观需要使用 UIManager 类中的静态方法 setLookAndFeel，例如设置跨平台的外观(即 Metal)，如下面代码所示。

```
public static void main(String[] args) {
    try {
        //设置跨平台的 Metal 外观
        UIManager.setLookAndFeel(
            UIManager.getCrossPlatformLookAndFeelClassName());
    }
    catch (UnsupportedLookAndFeelException e) {
        //处理异常
    }
    catch (ClassNotFoundException e) {
        //处理异常
    }
    catch (InstantiationException e) {
        //处理异常
    }
    catch (IllegalAccessException e) {
        //处理异常
    }
    //设置完外观后，再创建 GUI 并显示
    ……
}
```

如果希望设置平台相关的外观，为了使代码具有跨平台性，可以先使用 UIManager.getSystemLookAndFeelClassName()获取到外观的类名，然后设置，代码如下：

  UIManager.setLookAndFeel(
    UIManager.getSystemLookAndFeelClassName());

  Nimbus 是 Java 中的一个新的跨平台外观，在 Java SE 6 Update 10 (6u10)中被引入。如果使用这个外观，建议选用如下面所示代码。先使用 UIManager.getInstalledLookAndFeels()获取所有已经安装的风格，然后从其中选择 Nimbus，以免它不存在。当然设置其它的外观也可以这样做。

```
try {
    //遍历所有外观
    for (LookAndFeelInfo info : UIManager.getInstalledLookAndFeels()) {
        //如果存在 Nimbus 外观，则设置之
        if ("Nimbus".equals(info.getName())) {
            UIManager.setLookAndFeel(info.getClassName());
            break;
        }
    }
}
catch (Exception e) {
    //处理异常
}
```

  设置外观一般需要在创建和显示图形界面之前进行。如果图形界面已经创建好再设置外观，设置之后一定要调用 updateComponentTreeUI 方法，使外观生效。该方法定义如下：
    static void SwingUtilities.updateComponentTreeUI (Component c);
  参数 c 为要更新的组件。如果 c 为一个 JFrame 对象，那么该窗体上的所有组件都将被更新。

  除了在代码中设定风格，在运行 Java 程序时也可以通过命令行参数指定风格，例如设置 Nimbus 风格的命令如下：
    Java -Dswing.defaultlaf=Javax.swing.plaf.nimbus.NimbusLookAndFeel MyApp
  下面将常用风格的类名列出：
Metal：Javax.swing.plaf.metal.MetalLookAndFeel
Nimbus：Javax.swing.plaf.nimbus.NimbusLookAndFeel
GTK+：com.sun.Java.swing.plaf.gtk.GTKLookAndFeel
Motif：com.sun.Java.swing.plaf.motif.MotifLookAndFeel
Windows：com.sun.Java.swing.plaf.windows.WindowsLookAndFeel
Mac OS X：com.sun.Java.swing.plaf.mac.MacLookAndFeel
  各种不同的风格如图 9.42～图 9.48 所示。

第 9 章 图形用户界面设计

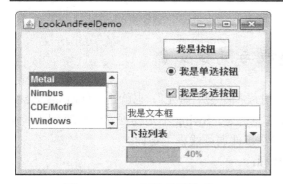

图 9.42 Metal 风格界面外观

图 9.43 Nimbus 风格界面外观

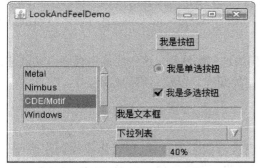

图 9.44 CDE/Motif 风格界面外观

图 9.45 Windows 风格界面外观(仅在 Windows 系统有此风格)

图 9.46 Windows Classic 风格界面外观
(仅在 Windows 系统有此风格)

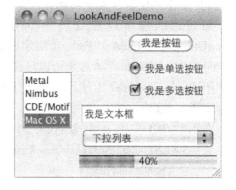

图 9.47 Mac OS X 风格界面外观
(仅在 Mac OS X 系统有此风格)

图 9.48 GTK + 风格界面外观(仅在 Linux 或其他支持 GTK + 的系统有此风格)

9.12 并发编程与线程安全

一个好的图形用户界面程序,应该在任何时候都不会"僵死",也就是任何时候都会响应用户请求(不一定满足所有请求)。此外需要注意的是,Swing 不是线程安全的库,除非另行说明,否则所有 Swing 组件及相关类都必须在事件调度线程上访问。

使用 Swing 编程时,需要处理如下三种线程:
(1) 初始化线程:执行程序初始化的代码。
(2) 事件调度线程:执行事件驱动的代码,大部分与界面交互的代码都在此线程执行。
(3) 工作线程(worker thread):也被称做后台线程(background thread),执行一些耗时的代码。

编写代码的时候,不需要手动创建上面提到的这三类线程。这些线程由程序自动创建,或者由 Swing 框架创建。下面分别详细介绍这三种线程,以及它们的作用。

9.12.1 初始化线程

每一个应用程序都会有一个初始化线程(也被看做主线程),初始化线程调用类中的 main 方法。在 Swing 程序中,初始化线程最重要的工作是创建一个 Runnable 对象,这个 Runnable 对象可以创建图形界面对象,并设置组件的事件调用线程。一旦图形界面创建完毕,程序将主要由事件来驱动运行。每个事件响应都会执行事件调用线程中的一小段代码。

初始化线程可以通过调用 Javax.swing.SwingUtilities.invokeLater 或 Javax.swing.SwingUtilities.invokeAndWait 来创建图形界面。这两个方法的参数都只有一个,都是 Runnable 类型的对象,该对象可以定义一个新的任务。这两个方法的不同之处如同它们的名字所述:invokeLater 方法只是安排任务,并立刻返回;而 invokeAndWait 方法等到任务运行完毕才会返回。

在本章的例程中,你可以看到几乎所有的例子的 main 方法中都使用了如下代码:

```
SwingUtilities.invokeLater(new Runnable() {
    public void run() {
        createAndShowGUI();
    }
});
```

上面的代码通过 invokeLater 将创建图形界面的任务分配到事件调度线程总体运行。为何不在初始化线程中直接创建图形界面?下一小节将讨论这个问题。

9.12.2 事件调度线程

Swing 中用于事件处理的代码在一个专用的线程中运行,即事件调度线程。事件调度线程不需要手动显示创建,Swing 将自动创建。大部分调用 Swing 方法的代码也运行于事件调度线程之中,之所以这样做,是因为 Swing 对象中的方法大部分不是"线程安全"(thread safe)的。线程不安全的意思是如果从多个线程中调用它们,可能会引起线程冲突或者内存一致性错误。有些 Swing 组件中的方法在 API 手册中注明为"线程安全",那么这些方法可以从多个线程中调用。

如果编写代码时不注意线程安全问题,那么程序大部分时间会正常运行,但有时会出现一些莫名其妙的错误,而且这些错误很难重现和调试。Swing 作为 Java 平台一个重要的组成部分,却不是线程安全的,这好像令人费解。实际上,如果要将 Swing 改为线程安全的,将会导致一些其他的更加难以解决的问题。将所有的事件处理代码归于一个单独的线程,是一个简洁且可靠的方案。限于篇幅,在此不展开描述。

在事件调度线程中运行的事件处理代码可以被看做一个个很小的任务。大部分任务是在事件处理方法中,例如 ActionListener.actionPerformed 方法;也有一些任务是在应用程序代码中,如 main 方法中使用 invokeLater 或 invokeAndWait 方法分配任务到事件调度线程中。事件调度线程中的任务应该尽可能的短,如果事件调度线程中的任务很耗时,那么将阻塞后面的事件处理,使程序处于"僵死"状态,无法响应用户的其他请求。耗时的任务应该置于工作线程中,以保证界面能够及时响应用户。

如果希望知道某段代码是否位于事件调度线程中,可调用 Javax.swing.SwingUtilities.isEventDispatchThread 来判断。

9.12.3 工作线程

工作线程(workder thread)也称做后台线程(background thread),它属于用户线程(user thread),而不是守护线程(daemon thread),请注意区分。

当 Swing 程序需要执行一个耗时的任务时,通常创建一个工作线程。在工作线程中运行的任务可以使用 Javax.swing.SwingWorker<T,V>类型的对象来表示。SwingWorker<T,V>是一个虚类,如果要创建 SwingWorker<T,V>对象,首先需要定义一个 SwingWorker<T,V>的子类。在创建 SwingWorker<T,V>对象时,经常使用匿名内部类来实现。

SwingWorker<T,V>是一个泛型类。T 表示 SwingWorker 中的 doInBackground 和 get 方法的返回结果的类型,V 表示 SwingWorker 中的 publish 和 process 方法的中间结果的类型。

SwingWorker<T,V>中的常用方法如表 9.18 所示。

表 9.18　SwingWorker<T,V>中的常用方法

方　　法	功　能　描　述
T doInBackground()	在工作线程中执行任务。耗时的任务代码需要写在此方法之中
void done()	doInBackground 方法完成后,在事件指派线程上执行此方法
T get()	获取 doInBackground 方法的返回值。如有必要,等待任务完成,然后获取其结果
SwingWorker.StateValue getState()	返回 SwingWorker 状态
boolean isDone()	如果任务已完成,则返回 true
boolean isCancelled()	如果在任务正常完成前将其取消,则返回 true
process(List<V> chunks)	在事件调度线程上异步地从 publish 方法接收数据块
publish(V... chunks)	将数据块发送给 process 方法

下例提供了一个简单的使用范例：在后台对大量的文本进行检索，一旦找到单词"Hello"则返回单词的位置，随后更新 Swing 组件显示检索结果。需要注意的是，done 方法是在事件调度线程中而不是工作线程中执行，因此可以安全地更新其他 Swing 组件。(代码中注释类型@Override 是表示下面的方法声明打算重写父类中的另一个方法声明。如果方法利用此注释类型进行注解但没有重写父类方法，则编译器会生成一条错误消息。这是为了加强强编译时的语法检查，提前告知错误。)

```
final JLabel label;
class HelloFinder extends SwingWorker<Integer, Object> {
    @Override
    public Integer doInBackground() {
        return findHelloPosition();//这个方法很耗时
    }
    @Override
    protected void done() {//任务完成时被调用，于事件调度线程中执行
        try {
            label.setText( "Hello 位于位置：" + get() );
        }
        catch (Exception e) { }
    }
}
```

习　　题

1. 编写一个图形界面程序，窗口中有菜单和一个文本框。当点击菜单项时，文本框内显示菜单项的名字。

2. 编写一个图形界面程序，窗口中为一文本区域，下方为状态栏。当在文本区域中输入文字时，状态栏中实时显示文本区域中的字符数。

3. 编写一个计算器程序，界面上方为输入和结果显示区，下方为按钮，实现加减乘除运算功能。

4. 参考 Windows 记事本，用 Java 编写一个功能类似的记事本程序。

第 10 章 线 程

10.1 线程概述

并行工作在自然界中是很普遍的现象。例如，人类社会中同时存在着政治、经济、体育、文化等活动，这些活动交错运行、互相影响，丰富着人类的文明生活；人体的七大系统也是并行工作的，人可以同时进行运动、呼吸、血液循环、大脑思考，能做到眼观六路、耳听八方；一个交通系统中机动车、自行车、行人也是同时存在，并且有条不紊地按交通规则各自行走在规定的通道上。可见，并行是很重要的，但是大多数程序设计语言并不支持并发操作。本章之前我们所编写的程序也都是单任务的，也就是在同一时间只能有一个程序运行，哪怕当前这个程序运行的时间很长，也只能等这个程序运行完毕，才能开始运行下一个程序。如果用户需要程序 A 和 B 同时运行呢？这就需要多任务并行机制的支持，Java 语言提供了多线程机制，从而可以支持多任务应用程序的开发。多线程可以使程序反应更快、交互性更强、执行效率更高。

10.1.1 并行概念的引入

目前用户安装的操作系统均支持一边在网上浏览一边在线听音乐，或者一边编写文档一边使用 QQ 聊天，这其实就是并发的概念。所谓并发程序设计(concurrent programming)是指由多个可在同一时间段执行的程序模块组成程序的程序设计方法，由荷兰杰出的计算机科学家 E.W.Dijkstra 在 1968 年提出。

如何同时运行多个程序呢？当然，如果有足够多的 CPU，可以让每个 CPU 运行一个程序。如果没有呢？有两种解决方案。一种是时间片式的，程序以时间片的方式轮流使用 CPU，时间片到，程序就让出 CPU 给其他具有相同优先级别的程序，自己排队等待下一个时间片。另一种是抢占式的，可能有多个线程准备运行，但只有一个在真正运行，一个线程一旦得到了 CPU 时间，除非它自己放弃使用 CPU，否则将完全霸占 CPU，直到运行结束或因为某种原因而阻塞，或者有另一个高优先级线程就绪而中断。可以看到，这两种方案所实行的并发，并不是真正的并发，因为在某个确定的时刻 CPU 只运行一个程序，但是只要轮换使用 CPU 的时间间隔足够短，就能使用户产生几个程序在同时运行的错觉。并发程序的运行情况如图 10.1 所示。

由于一个程序在运行时并不是一直使用 CPU，有时候需要输入输出，采用并发程序设计可以使外围设备和处理器并行工作，缩短程序执行时间，提高计算机系统的效率。

并发执行的程序单位模块可以是进程或线程。现代操作系统支持并发程序执行是基于多进程的，并通过 API 函数形式提供给用户，例如，C 语言编程中就可以通过调用 API 实现并发，但是操作起来比较复杂。Java 提供的并发程序开发是基于多线程的，它内置的多线程机制使任何编程人员都能方便地编制并发程序,大大地简化了并发程序的编写。

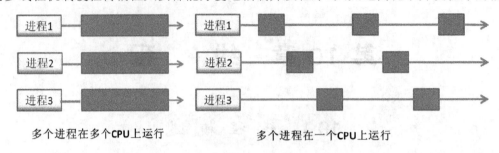

图 10.1 并发程序的运行示意图

10.1.2 程序、进程与线程

程序员编写好的代码,在没有进入 CPU 运行之前称为程序(program),就是静止的代码。程序一旦进入 CPU 运行,便称为进程,就是运行中的代码。

进程(process)从加载到内存、运行、运行完毕退出内存,是一个完整的产生、发展到消亡的生命周期,在这个过程中,每个进程都享有 CPU 分配给它的专用内存数据区。在以时间片方式分享 CPU 的操作系统中,CPU 控制权在进程间切换时,需要先保存当前进程数据区,然后恢复另一进程的专用数据区。用户看到的单一应用程序实际上可能是一组相互协作的进程。

线程(thread)是比进程小的执行单位,由进程创建,是进程里的一条执行路径,事实上每个进程都至少包含有一个线程。多线程是指进程中同时拥有多条执行路径,多线程运行情况如图 10.2 所示。同属于一个进程的多个线程共享进程的资源,包括了内存数据区和打开的文件,这为线程间的有效通信提供了方便,但也带来了潜在问题。由于线程本身不拥有资源,所以线程的切换比进程的切换开销小。

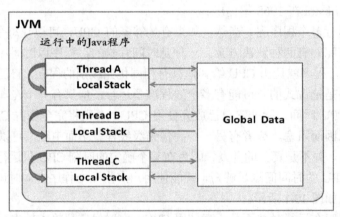

图 10.2 多线程运行

Java 的每个应用程序都可以拥有多个线程,但程序的执行总是从某一个线程开始的。JVM 加载代码时,会寻找主类的 main()方法,找到后就启动一个线程运行它,也就是默认的主线程 main thread。

【例 10-1】 获取主线程的示例。
```java
public class Demo {
    public static void main(String[]args)
    {
        Thread t=Thread.currentThread();
        System.out.println("Current thread: "+t);
    }
}
```
程序运行结果如图 10.3 所示。

```
Current thread: Thread[main,5,main]
```

图 10.3　例 10-1 运行结果

要实现多线程，就应该在 main 方法中再创建新的线程对象，称为主线程中的线程。如果 main 方法中又创建了其他线程，那么 JVM 就要在主线程和其他线程之间轮流切换，保证每个线程都有机会使用 CPU 资源。即使 main 方法执行完最后的语句，JVM 也不会停止工作，JVM 要一直等到主线程中的所有线程都结束之后才停止。

10.1.3　线程的状态

与自然界的任何事物一样，一个线程从创建到结束也经历了一个完整的生命周期，在这个周期中，线程分别呈现出五种不同的状态：新建、就绪、运行、中断(阻塞)、死亡。线程状态及其生命周期如图 10.4 所示。

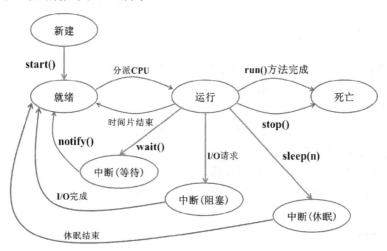

图 10.4　线程的生命周期

新建状态。在使用线程类或其子类建立了一个线程对象后，这个对象就处于新建状态，在调用 start 方法之前，该线程一直处于新建状态，但它已拥有相应的内存空间及资源。

就绪状态。当新建的线程对象调用 start 方法后,线程就被启动了,从而进入了就绪状态,即准备运行的状态,此时线程进入线程队列排队,等待 CPU 服务。

运行状态。当 JVM 把 CPU 使用权切换给线程,线程获得了 CPU 等资源,就进入到运行状态,这时它便自动调用本类中已经定义的 run 方法,从而执行自己的使命。

中断状态。运行状态中的线程,其 run 方法还没有执行完毕,却放弃 CPU 的使用,就进入到中断状态,也就是挂起的状态。一般来说,进入中断有以下四个原因:

(1) 本线程使用 CPU 的时间片到,CPU 自动切换给轮候的下一个线程。
(2) 本线程在 run 方法中调用了 sleep(int millsecond)方法,主动让出了 CPU。
(3) 本线程在 run 方法中调用了 wait()方法,主动让出了 CPU,必须等待其他线程调用 notify()方法唤醒,本线程才能重新进入就绪状态。
(4) 本线程在使用 CPU 期间,执行某个操作进入了中断状态,如等候用户的输入操作等,只有当该操作完成,线程才能重新进入就绪状态。

值得注意的是,结束中断状态的线程一般都重新进入到就绪状态排队,而不是运行状态。

死亡状态。如果线程的 run 方法运行结束或因为其他原因被强行终止,线程就进入到死亡状态,结束它的生命周期。死亡的线程将释放所占用的内存,不再具有运行的能力。

10.2 创建线程

创建线程有两种方法:一是继承 Thread 类,并重写类中的 run()方法;二是实现 Runnable 接口,并实现接口中的 run()方法。一般来说,第二种方法更常用。

线程需要执行的代码都放置在 run()方法中,线程运行时将自动调用 run()方法,所以创建线程最重要的事情就是定义 run()方法。Run()方法也就是所谓的线程体。

10.2.1 继承 Thread 类创建线程

Thread 类是 Java 类库提供的用于创建线程的类,包含在 java.lang 包中。用户需要创建自己的线程类,可以直接生成 Thread 类的子类,同时重写类中的 run()方法。简单来说,包括以下三个步骤:

(1) 创建 Thread 类的子类,在类中重定义 run()方法。
(2) 创建该子类的对象。
(3) 子类对象调用 start()方法启动线程。

【例 10-2】继承 Thread 类创建线程,该线程生成 5 个随机数,并在每生成一个之后休眠 1 秒钟。

```
import java.util.*;
public class Demo {
    public static void main(String[]args)
    {   CreateNumber th1=new CreateNumber();
        th1.start();
```

```
    }
}
class CreateNumber extends Thread
{   protected int num;
    public void run()
    {
        for(int i=1;i<=5;i++)
        {   num=(int)(Math.random()*100);
            System.out.println(num);
            try{Thread.sleep(1000);}
            catch(InterruptedException e){}
        }
    }
}
```

线程运行后,将自动执行线程子类中的 run()方法,执行结果如图 10.5 所示。

图 10.5 例 10-2 运行结果

10.2.2 实现 Runnable 接口创建线程

由于 Java 不支持多继承,所以使用继承 Thread 类的方法来创建线程,这个类就不可以再继承其他的类。为了避免影响继承的层次关系,可以使用 Thread 类的另外一个构造方法来创建线程:

  Thread(Runnable target)

这个构造方法的参数是一个 Runnable 类型的接口,接口中只声明了一个 run()方法,所以创建线程时就可以传递一个实现了 Runnable 接口的实例对象作为参数,也就是说,该实例对象初始化后已经实现了接口中的方法 run()。这个作为 Runnable 参数的实例对象称为线程的目标对象,一旦线程启动,就会直接执行目标对象中的 run()方法。简单地说,包括以下三个步骤:

(1) 创建一个实现 Runnable 接口的类,在类中实现 run()方法。
(2) 创建该类的对象,将该对象传递给 Thread(Runnable target)作为实参创建线程对象。
(3) 线程对象调用 start()方法启动目标线程。

【例 10-3】 实现 Runnable 接口创建线程,该线程生成 5 个随机数,并在每生成一个随机数之后休眠 1 秒钟。

```
    import java.util.*;
    public class Demo {
```

```
    public static void main(String[]args)
    {   CreateNumber tag=new CreateNumber();
        Thread th1=new Thread(tag);
        th1.start();
    }
}
class CreateNumber implements Runnable{
    protected int num;
    public void run()
    {   for(int i=1;i<=5;i++)
        {   num=(int)(Math.random()*100);
            System.out.println(num);
            try{Thread.sleep(1000);}
            catch(InterruptedException e){ }
        }
    }
}
```

线程运行后,将自动执行目标对象的 run()方法,执行结果如图 10.6 所示。

图 10.6 例 10-3 运行结果

比较以上两种创建线程的方法,继承 Thread 类创建线程要更简单更直观,而且该类可以直接使用从 Thread 类继承下来的方法,但是如果所需要创建的线程类必须是其他类的子类,那么只能使用实现 Runnable 接口的方法。事实上,即使在创建该线程类时它并非其他类的子类,用户使用这种方法,也为以后扩展其他类留下了可能,所以使用实现 Runnable 接口来创建线程是更为灵活也更常用的方法。

10.2.3 Thread 类的主要方法

Thread 类常用的基本操作方法如下。

1. Thread(String threadName)

Thread 的构造函数,用于构造一个名为 threadName 的线程。例如,可以创建一个名为 myThread 的线程:

    Thread th1=new Thread("myThread");

2. Thread()

Thread 的构造函数,用于构造一个名为 Thread-加上一个数字的线程,例如 Thread-0、

Thread-1、Thread-2…等。

3. start()

线程对象通过调用 start 方法启动线程，使它从新建状态进入到就绪状态排队等候 CPU 时间片，一旦获得 CPU 资源，就执行线程内的 run() 方法。注意，如果试图使用 start 方法再次启动一个已经就绪的线程，那么就会产生一个 IllegalThreadStateException 异常。

4. run()

用来定义线程对象被调用后所执行的操作，是线程的使命所在，无论是通过继承 Thread 类还是通过实现 Runnable 接口来创建线程，都必须重写 run() 方法，否则所建立的将是不作为的线程对象，因而 run() 方法也可以理解为线程体。run() 方法执行完毕，线程对象就进入死亡状态。

5. setName()

用于设置线程的名称。

6. getName()

用于返回线程的名称。

7. toString()

返回一个包含了线程名称、线程优先级别和线程所属线程组字符串。

8. currentThread()

Thread 类的类方法，返回一个当前正在运行状态中的线程对象的引用。

9. isAlive()

测试当前线程是否处于活动的状态。新建的线程在调用 start() 方法前，isAlive() 返回 false；在调用了 start() 方法后，直到 run() 方法结束之前，isAlive() 返回 true；run() 方法运行结束，线程进入死亡状态，isAlive() 返回 false。

【例 10-4】 显示 isAlive() 在不同状态下的返回值。

```
import java.util.*;
public class Demo {
    public static void main(String[]args)
    {   int n=0;
        CreateNumber tag=new CreateNumber();
        Thread th1=new Thread(tag);
        System.out.println("Is th1 alive? "+th1.isAlive());
        th1.start();
        System.out.println("Is th1 alive?    "+th1.isAlive());
        while(th1.isAlive()==true)n++;
    System.out.println("n="+n+"\nIs th1 alive? "+th1.isAlive());
    }
}
```

```
class CreateNumber implements Runnable{
    protected int num;
    public void run()
    {   for(int i=1;i<=5;i++)
        {   num=(int)(Math.random()*100);
            System.out.println(num);
        }
    }
}
```
程序运行结果如图 10.7 所示。

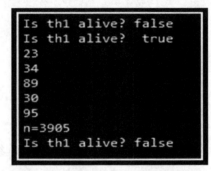

图 10.7 例 10-4 运行结果

10. sleep(int millsecond)

sleep()是线程类的一个静态(static)方法，使线程休眠一段由参数 millsecond 指定长度的时间，单位为毫秒。当线程休眠时会放弃 CPU 的使用权，所以往往在高优先级别的线程中调用 sleep 方法，主动让出 CPU，使得低优先级别的线程得以运行。

如果一个线程在休眠期间被打断，将引发一个 InterruptedException 异常，所以 sleep 方法的调用应该放在 try-catch 结构块中。

11. interrupt()

线程对象可以通过调用 interrupt 方法中断本线程的休眠，从而让该线程进入就绪状态。

【例 10-5】 本例显示例 10-3 在调用了 interrup()后的结果。

```
import java.util.*;
public class Demo {
    public static void main(String[]args)
    {   CreateNumber tag=new CreateNumber();
        Thread th1=new Thread(tag);
        th1.start();
        while(true)th1.interrupt();
    }
}
class CreateNumber implements Runnable{
```

```
        protected int num;
        public void run()
        {   for(int i=1;i<=5;i++)
            {   num=(int)(Math.random()*100);
                System.out.println(num);
                try{Thread.sleep(1000);}
                catch(InterruptedException e)
                {System.out.println("oh,I was woken by the mainThread.");}
            }
        }
    }
```
程序运行结果如图 10.8 所示。

```
6
oh,I was woken by the mainThread.
87
oh,I was woken by the mainThread.
19
oh,I was woken by the mainThread.
1
oh,I was woken by the mainThread.
63
oh,I was woken by the mainThread.
```

图 10.8　例 10-5 运行结果

12．wait()

使线程进入等待状态。

13．notify()与 notifyAll()

notify()方法唤醒正在等待的线程，notifyAll()方法唤醒所有正在等待的线程。

14．join()

等待目标线程死亡之后，当前线程才能继续运行。

后面三个方法的详细用法会在本章的后面介绍。

【例 10-6】　多个线程同时运行的示例。

```
    import java.util.*;
    public class Demo {
        public static void main(String[]args)
        {   CreateNumber tag=new CreateNumber();
            new Thread(tag,"thread1").start();
            new Thread(tag,"thread2").start();
            new Thread(tag,"thread3").start();
            new Thread(tag,"thread4").start();
        }
```

}
```
class CreateNumber implements Runnable{
    protected int num;
    public void run()
    {   Thread t=Thread.currentThread();
        for(int i=1;i<=3;i++)
        {   num=(int)(Math.random()*100);
            System.out.println(t.getName()+" create number:"+num);
            try{Thread.sleep(1000);}
            catch(InterruptedException e){}
        }
    }
}
```
程序运行结果如图 10.9 所示。

```
thread1 create number:4
thread4 create number:72
thread2 create number:4
thread3 create number:96
thread3 create number:54
thread4 create number:23
thread1 create number:54
thread2 create number:54
thread2 create number:82
thread3 create number:50
thread1 create number:82
thread4 create number:82
```

图 10.9　例 10-6 运行结果

可以看到主线程中 4 个线程交错运行的情况。另外，由于 CreateNumber 并非 Thread 的子类，所以不能直接使用 Thread 类提供的方法，但是，在 CreateNumber 类内部可以通过调用 Thread 类的类方法 currentThread()获得一个当前线程对象 t，这个线程对象就可以自由地调用线程类的所有方法。

【例 10-7】　使用内嵌线程对象方式实现例 10-6 的功能需求。

```
import java.util.*;
public class Demo {
    public static void main(String[]args)
    {   new CreateNumber("thread1");
        new CreateNumber("thread2");
        new CreateNumber("thread3");
        new CreateNumber("thread4");
    }
}
class CreateNumber implements Runnable{
```

```
    protected int num;
    private Thread t;
    public CreateNumber(String s)
    {   t=new Thread(this);
        t.setName(s);
        t.start();
    }
    public void run()
    {   Thread t=Thread.currentThread();
        for(int i=1;i<=3;i++)
        {   num=(int)(Math.random()*100);
            System.out.println(t.getName()+" create number:"+num);
            try{Thread.sleep(1000);}
            catch(InterruptedException e){}
        }
    }
}
```
程序运行结果如图 10.10 所示。

```
thread1 create number:12
thread3 create number:84
thread2 create number:69
thread4 create number:8
thread1 create number:23
thread2 create number:24
thread4 create number:73
thread3 create number:46
thread4 create number:52
thread3 create number:22
thread1 create number:80
thread2 create number:96
```

图 10.10　例 10-7 运行结果

【例 10-8】 构造线程有很多的方法，本例中使用匿名内部类重写例 10-7 的类。CreateNumber。

```
class CreateNumber {
    protected int num;
    public CreateNumber(String s){
        Runnable r=new Runnable(){
            public void run(){
                Thread t=Thread.currentThread();
                for(int i=1;i<=3;i++)
                {
                    num=(int)(Math.random()*100);
```

```
                System.out.println(t.getName()+" create number:"+num);
                try{Thread.sleep(1000);
                }
                catch(InterruptedException e){ }
            }
        }
    };
    new Thread(r, s).start();
    }
}
```

程序运行结果如图 10.11 所示。

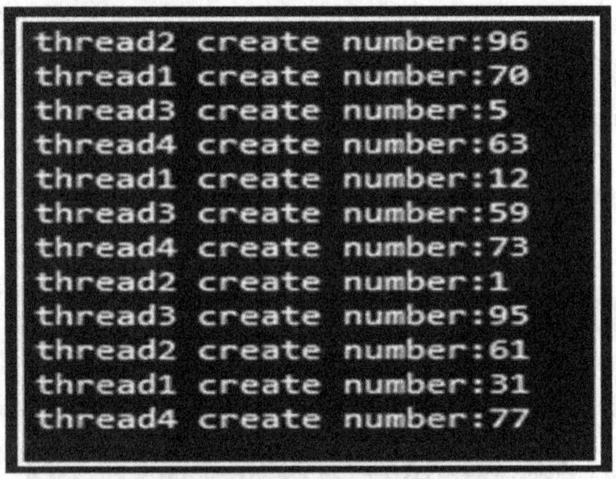

```
thread2 create number:96
thread1 create number:70
thread3 create number:5
thread4 create number:63
thread1 create number:12
thread3 create number:59
thread4 create number:73
thread2 create number:1
thread3 create number:95
thread2 create number:61
thread1 create number:31
thread4 create number:77
```

图 10.11　例 10-8 运行结果

10.3　线程的同步机制

10.3.1　线程的异步与同步

所谓线程异步，是指多个线程的运行相互独立，彼此之间没有相关性。

【例 10-9】 两个线程，一个顺序输出大写字母，另一个顺序输出小写字母。

```
public class Demo {
    public static void main(String[]args)
    {   Thread t1,t2;
        t1=new Thread(new createUpper());
        t2=new Thread(new createLower());
        t1.start();t2.start();
    }
}
class createUpper implements Runnable{
```

```java
        public void run(){
            for(int i=65;i<=90;i++)
            {
                System.out.print((char)i);
                try{Thread.sleep(100);}catch(InterruptedException e){}
            }
        }
    }
    class createLower implements Runnable{
        public void run()
        {   for(int i=97;i<=122;i++)
            {   System.out.print((char)i);
                try{Thread.sleep(100);}catch(InterruptedException e){}
            }
        }
    }
```

程序运行结果如图 10.12 所示。

```
AabBcCDdeEFfGgHhIiJjKklLmMnNOoPpQqRrsStTuUvVwWxXyYZz
```

图 10.12 例 10-9 运行结果

这两个线程就是相互异步的，各自运行各自的，没有依赖关系。运行时互相争抢 CPU，所以运行的结果是大小写交错出现，有时大写字母在前，有时小写在前。如果要求输出结果是这样的呢：AaBbCc…XxYyZz？这就需要两个线程之间互相协作。

下面来看看线程同步的例子。

【例 10-10】 两个线程共享一个目标对象，并同时修改该对象中的数据。

```java
    public class Demo {
        public static void main(String[]args)
        {   Num num=new Num();                        //目标对象
            new Thread(num,"threadA").start();        //线程 threadA
            new Thread(num,"threadB").start();        //线程 threadB
        }
    }
    class Num implements Runnable{
        int x=0;
        public   void run()
        {   Thread t=Thread.currentThread();
            for(int i=1;i<=5;i++)
            {   System.out.print(t.getName());
```

```
                System.out.print(": x="+x+"; x++;");
                x++;
                try{Thread.sleep(500);}
                catch(InterruptedException e){}
                System.out.print(" x="+x+'.'+'\n');
            }
        }
    }
```

运行结果如图 10.13 所示。

```
threadBthreadA: x=0; x++;: x=0; x++; x=2.
 x=2.
threadAthreadB: x=2; x++;: x=2; x++; x=4.
threadA x=4.
threadB: x=4; x++;: x=4; x++; x=6.
 x=6.
threadBthreadA: x=6; x++;: x=6; x++; x=8.
 x=8.
threadBthreadA: x=8; x++;: x=8; x++; x=10.
 x=10.
```

图 10.13　例 10-10 运行结果

从程序中了解到，类 Num 中线程体 run()的任务是：每次循环读取 x 的值，对 x 加 1，休眠半秒，再次读取 x 的值，这是一个完整的事务过程。线程对象 threadA 与 threadB 都以类 Num 的实例 num 作为目标对象，因此它们共享这个对象，并一起修改对象中的数据 x。运行结果中第一行显示，线程 threadA 首先读取了 x 的值，对 x 进行加法操作后休眠，这时线程 threadB 读取了 x 的值，也就是说，线程 threadA 的一次完整事务中插入了线程 threadB 的操作。运行结果的最后一句 x=10 是线程 threadA 的读取结果。可以看到，由于两个线程同时操作一个对象，一个线程在读取它的值，另一个线程在修改它的值，因此造成了输出结果的混乱。

多个线程对同一数据进行并发读写(至少有一个线程在进行写的操作,同时存在一个线程在读)，这种情形称为竞争，竞争会导致数据读或写的不确定性。对于例 10-10，用户可以把 class Demo 修改为如下程序，让 100 个线程同时执行，将会看到更为混乱的输出结果。

```
        public class Demo {
            public static void main(String[]args)
            {   Num num=new Num();
                for(int i=1;i<=100;i++)
                    new Thread(num).start();
            }
        }
```

Java 允许建立多线程，必然会出现多个线程同时访问一个变量或一个对象的情况。这也是用户在实际操作中常常会碰到的,例如对于同一个文件,一个线程在读取它的内容,而另一个线程正在写入它的内容;或者对于同一个银行账户,一个操作者正在进行存款的操作,而另一个操作者正在进行取款操作;或者几十个用户同时修改数据库的数据。这里所涉及的文件、账户、数据库,其实就是多个线程在某个特定的时刻共享的资源,称为临界区。当多个线程对它们进行并发操作时,如果不加以控制,一般都会引起冲突,使数据出现不一致。

所谓线程同步,就是指多个线程之间协调使用共享资源的一种方式,也就是说,它能在并发操作中协调管理临界区,从而避免混乱,保证数据的一致性。

10.3.2 synchronized 关键字

在并发程序设计中,为了避免竞争引起的冲突,通常使用同步机制(锁机制)来实现访问的互斥。简单来说,就是线程在进入临界区时,可以为临界区加一把"锁",锁住临界区,当该线程使用完毕就把锁去掉,让别的线程使用。但是在锁住临界区的这段时间里,该线程独自占有临界区,其他线程不能进入,从而保证数据的一致。

在 Java 中,加锁是通过关键字 synchronized 实现的。synchronized 可以"锁住"一个对象,或"锁住"一段代码。格式如下:

  synchronized(A){ S;} //将对象 A 设为临界资源,S 是简单或复合语句,即临界区。
  synchronized 方法声明 //将整个方法设为临界区。

使用 synchronize 修饰的方法,称为同步方法。当一个线程在调用同步方法时,所有试图调用该同步方法(或其他同步方法)的同目标对象的其他线程必须等待,只有当该线程结束了,同步方法的锁才会自动释放。下面使用同步机制重写例 10-10。

【例 10-11】 "锁住"当前对象,将对它的操作设为临界区。

```
public class Demo {
    public static void main(String[]args)
    {   Num num=new Num();
        new Thread(num,"threadA").start();
        new Thread(num,"threadB").start();
    }
}
class Num implements Runnable{
    int x=0;
    public   void run()
    {   synchronized(this)
        {                       // "锁住"当前对象
            Thread t=Thread.currentThread();
            for(int i=1;i<=5;i++)
            {   System.out.print(t.getName());
                System.out.print(": x="+x+"; x++;");
                x++;
```

```
                    try{Thread.sleep(5);}
                    catch(InterruptedException e){}
                    System.out.print(" x="+x+'.'+'\n');
                }
            }
        }
```
程序运行结果如图 10.14 所示。

```
threadA:  x=0;  x++;  x=1.
threadA:  x=1;  x++;  x=2.
threadA:  x=2;  x++;  x=3.
threadA:  x=3;  x++;  x=4.
threadA:  x=4;  x++;  x=5.
threadB:  x=5;  x++;  x=6.
threadB:  x=6;  x++;  x=7.
threadB:  x=7;  x++;  x=8.
threadB:  x=8;  x++;  x=9.
threadB:  x=9;  x++;  x=10.
```

图 10.14 例 10-11 运行结果

【例 10-12】由于希望 run()方法的操作过程不被打扰，所以将 run()方法设为同步方法。

```java
public class Demo {
    public static void main(String[]args)
    {    Num num=new Num();
        new Thread(num,"threadA").start();
        new Thread(num,"threadB").start();
    }
}
class Num implements Runnable{
    int x=0;
    public   synchronized void   run()
    {    Thread t=Thread.currentThread();
        for(int i=1;i<=5;i++)
        {   System.out.print(t.getName());
            System.out.print(": x="+x+"; x++;");
            x++;
            try{Thread.sleep(5);}
            catch(InterruptedException e){}
            System.out.print(" x="+x+'.'+'\n');
        }
    }
}
```
程序运行结果如图 10.15 所示。

```
threadA: x=0; x++; x=1.
threadA: x=1; x++; x=2.
threadA: x=2; x++; x=3.
threadA: x=3; x++; x=4.
threadA: x=4; x++; x=5.
threadB: x=5; x++; x=6.
threadB: x=6; x++; x=7.
threadB: x=7; x++; x=8.
threadB: x=8; x++; x=9.
threadB: x=9; x++; x=10.
```

图 10.15 例 10-12 运行结果

可以看到,在同步方法中即使使用了 sleep()方法,线程也不会让出 CPU 的使用权,只有当同步方法执行完毕,才会自动释放锁。关于同步机制的几点注意事项:

(1) synchronized 关键字字面上是"同步"的意思,用于定义同步的代码块,但实际上它是在并发操作中实现互斥机制。

(2) 同步互斥是对象级的,也就是只有操作于相同目标对象上的同步方法才会互斥。

(3) 对目标对象的互斥访问只存在于同步代码之间,对于非同步代码是无效的。也就是说,在同步方法访问临界区时,同一对象的同步方法不可以访问该临界区,但该对象的非同步方法却可以访问临界区。

10.3.3 线程间的协作

下面来看一个例子。假设儿子在 A 城读书,与父亲共用一个账户,每月由父亲在 B 城存入 5000 元,儿子在 A 城取 5000 元。这里涉及三个类:

(1) 银行账户:Account,包含了账户名称、余额信息,以及存款与取款方法。

(2) 儿子:是一个实现 Runnable 接口的类,run()方法中只包含了对账户的 5 次取款操作,每次取 5000 元,每取一次休息半秒。

(3) 父亲:是一个实现 Runnable 接口的类,run()方法中只包含了对账户的 5 次存款操作,每次存 5000 元,每存一次休息半秒。

为了避免父亲在存款的同时儿子在取款所引起的数据不一致,将取款与存款操作设为同步方法。

【例 10-13】 取款与存款同步的示例。

```
public class Demo {
    public static void main(String[]args){
        Account a=new Account("Zhangsan",0); //目标对象 a
        new Thread(new Father(a)).start();
        new Thread(new Son(a)).start();
    }
}
class Account{ //账户类
    private double balance;
    private String name;
```

```java
    Account(String name,double b)
    {this.name=name;balance=b;}
    public synchronized void save(double d){
        balance+=d;
        try{Thread.sleep(500);}catch(InterruptedException e){}
        System.out.println("Save:"+d+";balance is "+balance);
    }
    public synchronized void take(double d){
        balance-=d;
        try{Thread.sleep(500);}catch(InterruptedException e){}
        System.out.println("take:"+d+";balance is "+balance);
    }
}
class Son implements Runnable{          //儿子线程类
    private Account a;
    Son(Account a){this.a=a;}
    public void run(){
        for(int i=0;i<5;i++)a.take(5000);
    }
}
class Father implements Runnable{       //父亲线程类
    private Account a;
    Father(Account a){this.a=a;}
    public void run(){
        for(int i=0;i<5;i++)a.save(5000);
    }
}
```

某次操作的运行结果如图 10.16 所示。

```
take:5000.0;balance is -5000.0
take:5000.0;balance is -10000.0
take:5000.0;balance is -15000.0
take:5000.0;balance is -20000.0
Save:5000.0;balance is -15000.0
Save:5000.0;balance is -10000.0
Save:5000.0;balance is -5000.0
Save:5000.0;balance is 0.0
```

图 10.16 例 10-13 运行结果

可以看到，虽然将存款和取款的操作设为同步方法，避免了对临界区(账户)操作竞争引起的冲突，但是，出现了儿子类在余额不足的情况下提取现金的错误，怎么解决这个问题呢？

在现实中，儿子在取款操作时，如果发现余额不足，他将会终止操作并与父亲沟通，父亲在完成了存款操作后通知儿子，这时儿子才可以将未完成的取款操作进行完毕。也就是说，双方应该进行一定的协助沟通。同样的，在程序中，在儿子执行的取款同步方法中也应该测试取款前提条件，如果没有达到条件，则让出 CPU 并等待。当父亲执行完毕存款的同步方法后，通知等待中的儿子完成取款操作。也就是，使用同步方法的线程之间应该引入协作机制。

Java 提供了 wait()、notify()和 notifyAll()方法，用于线程间的通信。注意，这三个方法只能直接或间接的用于临界区内，否则将产生 IllegalMonitorStateException 异常。此外，这三个方法都是 Object 类中的 final 方法，可以被所有的类继承，但不允许被重写。wait()方法会暂停当前线程的执行，并释放所加的锁，进入等待状态；notify()方法将唤醒一个等待中的线程；而 notifyAll()方法将唤醒所有等待中的线程。下面使用 wait()和 notify()方法改写例 10-13。

【例 10-14】 在同步方法中使用 wait()和 notify()方法改写例 10-13 程序。

```java
public class Demo {
    public static void main(String[]args){
        Account a=new Account("Zhangsan",0);
        new Thread(new Father(a)).start();
        new Thread(new Son(a)).start();
    }
}
class Account{
    private double balance;
    private String name;
    Account(String name,double b)
    {this.name=name;balance=b;}
    public synchronized void save(double d){
        while(balance>=5000)
            try{wait();}catch(InterruptedException e){}
        balance+=d;
        try{Thread.sleep(500);}catch(InterruptedException e){}
        System.out.println("Save:"+d+";balance is "+balance);
        notify();
    }
    public synchronized void take(double d){
        while(balance<5000)
        try{wait();}catch(InterruptedException e){}
        balance-=d;
        try{Thread.sleep(500);}catch(InterruptedException e){}
        System.out.println("take:"+d+";balance is "+balance);
```

```
            notify();
        }
    }
    class Son implements Runnable{
        private Account a;
        Son(Account a){this.a=a;}
        public void run(){
            for(int i=0;i<5;i++)a.take(5000);
        }
    }
    class Father implements Runnable{
        private Account a;
        Father(Account a){this.a=a;}
        public void run(){
            for(int i=0;i<5;i++)a.save(5000);
        }
    }
```
程序运行结果如图 10.17 所示。

```
Save:5000.0;balance is 5000.0
take:5000.0;balance is 0.0
Save:5000.0;balance is 5000.0
take:5000.0;balance is 0.0
Save:5000.0;balance is 5000.0
take:5000.0;balance is 0.0
Save:5000.0;balance is 5000.0
take:5000.0;balance is 0.0
Save:5000.0;balance is 5000.0
take:5000.0;balance is 0.0
```

图 10.17 例 10-14 运行结果

10.3.4 线程的挂起

所谓挂起线程，就是暂停当前线程的运行，让别的线程运行了一段时间后，再恢复本线程的运行。有好几种方法可以实现线程的挂起：sleep(n)、wait()、join()。sleep(n)方法使用在非同步方法中，但是需要有准确的休眠时间；wait()方法使用在临界区中，需要等待其他线程的唤醒。如果线程 A 在运行当中需要让 B 线程优先运行，等 B 线程运行完了，A 线程才继续，这时可以使用 join()方法，也就是在 A 的线程体中加入 B.join()的语句。

【例 10-15】 在本例中，使用了 join()方法使得主线程让线程 th1 优先运行，线程 th1 运行完毕，主线程再继续运行。读者可以尝试去掉加了注释的句子，比较一下不同的运行结果。

```
import java.util.*;
public class Demo {
```

```java
public static void main(String[]args)
{   int n=0;
    CreateNumber tag=new CreateNumber();
    Thread th1=new Thread(tag);
    th1.start();
    for(int i=65;i<70;i++)
      { System.out.println((char)(i));
           try{Thread.sleep(5);}
           catch(InterruptedException e){}
      }
    try{th1.join();}catch(InterruptedException e){}      //让 th1 线程优先运行
    System.out.println("main thread over");
  }
}
class CreateNumber implements Runnable{
    protected int num;
    public void run()
    {   for(int i=1;i<=5;i++)
        {   num=(int)(Math.random()*100);
            System.out.println(num);
        }
    }
}
```

程序运行结果如图 10.18 所示。

图 10.18　例 10-15 运行结果

其实，join()方法有三种格式：

(1) void join()：等待线程执行完毕。

(2) void join(long timeout)：最多等待一段长度为 timeout 毫秒的时间让线程完成。

(3) void join(long milliseconds, int nanoseconds)：最多等待一段长度为 milliseconds 毫秒 +nanoseconds 纳秒的时间让线程完成。

10.4 线程调度的优先级别与调度策略

对于多线程程序来说，每个线程的重要程度是不尽相同的。为了让重要的线程更容易获得 CPU 资源，Java 虚拟机中设置了一个线程调度器，用于线程的调度管理。它为每个线程都设置了优先级别，分别使用整数 1~10 表示，数值越大，优先级别越高。在线程调度上，Java 采用了抢占式的调度策略，也就是说，在线程切换时，若有多个就绪的线程在排队，优先级高的线程首先运行，如果多个就绪的线程具有相同的优先级别，则采取"先到先服务"的原则。

举个例子来说，当前有 A、B、C、D 四个线程就绪，而 A 与 B 的优先级别高于 C 与 D，那么，当 CPU 切换时，首先让 A 与 B 以时间片轮换的方式使用 CPU，当它们运行完毕，C 与 D 才以时间片的方式轮换使用 CPU。换言之，Java 总是让优先级别高的线程得以先运行。

线程的默认级别是 5，如果需要设置线程的优先级别，可以使用 setPriority(int grade) 方法调整，int 的取值范围在 1~0 之间，否则将产生一个 IllegalArgumenException 异常。使用 getPriority()方法可以返回线程的优先级别。

【例 10-16】 改写例 10-10，将第二个线程的优先级别提高。

```java
public class Demo {
    public static void main(String[]args)
    {   Thread t1,t2;
        t1=new Thread(new createUpper());
        t2=new Thread(new createLower());
        t2.setPriority(10);        //将 t2 的优先级别设置为 10
        System.out.println(t2.getPriority());
        System.out.println(t1.getPriority());
        t1.start();t2.start();
    }
}
class createUpper implements Runnable{
    public void run()
    {   for(int i=65;i<=90;i++)
        {   System.out.print((char)i);
        }
    }
}
class createLower implements Runnable{
    public void run()
    {   for(int i=97;i<=122;i++)
```

```
            {   System.out.print((char)i);
            }
        }
    }
```
程序运行结果如图 10.19 所示。

```
10
5
abAcdefghijklmnopqrstuvwxyzBCDEFGHIJKLMNOPQRSTUVWXYZ
```

图 10.19　例 10-16 运行结果

习　　程

1. 什么是线程？什么是多线程？应用程序中的多线程有什么作用？
2. Java 为线程机制提供了什么类与接口？
3. 编写一个线程，其任务是让一个字符串从屏幕左端向右移动，当所有的字符都消失后，字符串重新从左边出现并继续向右移动。
4. 线程有哪五种基本状态？它们之间是如何转化的？
5. 线程的方法 sleep()与 wait()有什么区别？
6. 什么是线程调度？Java 的线程调度采用什么策略？
7. 编写程序实现如下功能：第一个线程生成一个随机数，第二个线程每隔一段时间读取第一个线程生成的随机数，并判断它是否是素数。
8. 编写程序模拟龟兔赛跑。要求用一个线程控制龟的运动，用另一个线程控制兔的运动。龟兔均在同一个运动场上赛跑，要求可以设置龟兔完成一圈所需要的时间，而且要求设置兔比龟跑得快。在赛跑最开始，龟兔在同一个起点出发。

第 11 章 Java 网络编程

11.1 网络地址 InetAddress

在计算机网络中，我们通过 IP 地址来标识、区分网络上每台设备。在 Java 语言中，我们使用 InetAddress 来表示 IP 地址。InetAddress 及其他 Java 网络编程常见工具类位于 java.net 包中，在使用这些类之前，我们需要先导入这个包，具体方法如下：

import java.net.*;

1. 网络地址的表示

IPv4(Internet Protocol Version 4)使用 4 个字节(32 比特)来表示一个 IP 地址。为了阅读方便，我们通常将每个字节表示成一个十进制数，字节间用"."隔开。例如 IP 地址：

11001101 10110001 00001011 11001011

我们通常表示为

205 . 177 . 11 . 203

2. 获取本机地址

在 Java 中，使用 InetAddress 类的静态方法 getLocalHost()来获取本机地址。若 IP 地址获取失败，则抛出 UnknowHostException 异常。

【例 11-1】用 InetAddress 类的静态方法 getLocalHost()获取主机 IP 地址。

```
import java.net.*;
public class LocalAddressTest{
    public static void main(String[] args){
        try{
            //获得本机的 IP 地址
            InetAddress localAddress = InetAddress.getLocalHost();
            System.out.println(localAddress);
        }
        catch(UnknownHostException e){
            System.out.println("获取不到本机地址");
        }
    }
}
```

程序运行结果如图 11.1 所示。

```
chenlog-PC/192.168.153.138
```

图 11.1 例 11-1 运行结果

3. 获取互联网主机地址

获取互联网主机地址使用的是 InetAddress 类的静态方法 getByName(String host)，其中 host 可以是型如"www.szu.edu.cn"的主机名，也可以是具体的如"210.39.3.164"的 IP 地址。

【例 11-2】 用 InetAddress 类的静态方法 getByName(String host)来获取主机 IP 地址。

```java
import java.net.*;
public class RemoteAddressTest{
    public static void main(String[] args){
        try{
            //获得互联网主机的 IP 地址
            InetAddress remoteAddress =
            InetAddress.getByName("www.szu.edu.cn");
            System.out.println(remoteAddress);
        }
        catch(UnknownHostException e){
            System.out.println("获取不到主机地址");
        }
    }
}
```

程序运行结果如图 11.2 所示。

```
www.szu.edu.cn/210.39.3.164
```

图 11.2 例 11-2 运行结果

这是深圳大学的 IP 地址。

11.2 UDP 数据报

有了 IP 地址之后，网络上两台主机就可以通过 UDP 数据报的形式来进行通信。UDP 数据报协议是一种面向无连接的、不可靠的传输层协议。它不需要在通信双方间建立连接，而采用"尽最大努力投递"的方式提供通信服务。由于其协议开销小，传输延时短，对传输环境要求高，通常用于局域网内不需要高可靠性传输的通信，例如局域网内的视频点播等应用。

11.2.1 端口与数据报套接字

UDP 数据报协议提供 16 比特长的端口号(0~65 535)来区分收、发数据报的上层应用程序。当我们发送 UDP 数据报时，除了指定 IP 地址外，还需要指定数据报的发送端口(源端口)和接收端口(目的端口)。数据报的接收方(上层应用程序)需要监听相应的目的端口，当数据报送达时，上层应用程序即可收到具体的数据报内容。

换句话说，上层应用程序通过 UDP 协议、IP 地址和端口来与网络中的其他上层应用程序通信。UDP 协议、IP 地址和端口则成为上层应用程序间通信的窗口，这个窗口，我们称之为套接字(Socket)。更具体的，对 UDP 协议来说，我们称这个套接字为数据报套接字(DatagramSocket)。

数据报套接字 DatagramSocket 有两个常用的构造函数，分别是不带参数的 DatagramSocket() 和指定端口号的 DatagramSocket(int port)。由于 UDP 协议是面向无连接的，数据报的接收方不关注数据报是由哪个端口发出的，因此无参数的数据报套接字通常用于发送数据报，此时发送端口号由系统分配。指定端口号的数据报套接字则常用于监听、接收数据报。

数据报套接字收发的是数据报包裹(DatagramPacket)，发送包裹时，需要填写包裹的接收方地址，也即接收方的数据报套接字。此时常用的数据报包裹构造函数是：

DatagramPacket(byte[ ] data, int length, InetAddressremoteAddr, intremotePort);

其中，remoteAddr 和 remotePort 指明了接收方的地址。接收包裹时，通常只关注包裹的内容，此时常用的构造函数则是：

DatagramPacket(byte[ ] data, int length);

下面我们通过两个例子来说明 UDP 数据报的发送和接受。

11.2.2 发送 UDP 数据报

【例 11-3】 UDP 数据报发送实例。

```
import java.net.*;
public class SendUDP{
    public static void main(String args[]) throws Exception{
        DatagramSocket datagramsocket = null;
        DatagramPacket datagrampacket = null;
        //实例化 UDP 的套接字,端口号为 2345
        datagramsocket = new DatagramSocket(2345);
        //需要发送的数据
        String str = "send UDP";
        //指定需要发送的数据内容,数据长度,目的 IP 和目的端口号
        datagrampacket = new DatagramPacket(str.getBytes(),str.length(),
                    InetAddress.getByName("127.0.0.1"),8000);
        //发送数据
        datagramsocket.send(datagrampacket);
```

//关闭
            datagramsocket.close();
        }
    }

上述代码，通过本机"UDP 2345"端口，向 IP 地址为"127.0.0.1"的机器(环回地址，实际上指的就是本机)的"UDP 8000"端口，发送了一条内容为"send UDP"的信息。

11.2.3 接收 UDP 数据报

【例 11-4】UDP 数据报接收实例。

```
import java.net.*;
public class ReceiveUDP {
    public static void main(String args[]) throws Exception{
        //声明 UDP 相关的变量
        DatagramSocket datagramsocket = null;
        DatagramPacket datagrampacket = null;
        //定义接收空间大小
        byte [] data = new byte[1024];
        //实例化套接字,绑定 8000 端口
        datagramsocket = new DatagramSocket(8000);
        //实例化套接字数据存放空间
        datagrampacket = new DatagramPacket(data,data.length);
        System.out.println("正在等待客户端的数据…");
        //将 UDP 收到的消息存放在 datagrampacket 当中
        datagramsocket.receive(datagrampacket);
        //打印获取到的消息
        System.out.println("收到客户端发来的："+new String(data));
        datagramsocket.close();
    }
}
```

上述代码运行后，将监听本机的"UDP 8000"端口，在收到发往该端口的数据报后，将数据报内容打印到控制台。

先运行接受数据报实例的代码并且不要关闭它，再运行发送数据报的实例代码，则在接受数据报例子的控制台上，可以看到接收到的消息内容，具体如图 11.3 所示。

图 11.3 例 11-4 运行结果

11.3 TCP 连接

TCP(Transmission Control Protocol)是一种面向连接的传输控制协议,它提供可靠的数据流传输服务,是互联网上使用最广泛的传输协议。

11.3.1 连接

TCP 是面向连接的,在通信双方进行数据交换之前,双方要建立逻辑连接。连接建立之后,双方的通信就在该连接中进行。

11.3.2 套接字 Socket

与数据报套接字类似,TCP 也存在套接字的概念,而且,由于 TCP 比 UDP 更常见,通常说的套接字 Socket 是指 TCP 的套接字。

11.3.3 Socket 连接到服务器

【例 11-5】 Socket 连接到服务器的实例。

```
import java.io.*;
import java.net.*;
import java.util.*;
public class sttest {
    public static void main(String[]args)
    {
        try
        {   //获取此服务器地址的精准时间而创建的套接字
            Socket s=new Socket("time.nist.gov",13);
            try{
                InputStream is=s.getInputStream();
                Scanner in=new Scanner(is);
                while (in.hasNextLine())
                {
                    String line=in.nextLine();
                    System.out.println(line);
                }
            }
            finally
            {
                s.close();
```

```
            }
        }
        catch (IOException e)
        {
            e.printStackTrace();
        }
    }
}
```
程序运行结果如图 11.4 所示。

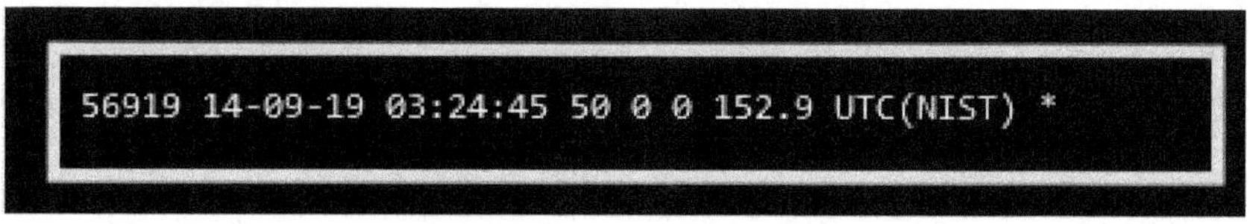

```
56919 14-09-19 03:24:45 50 0 0 152.9 UTC(NIST) *
```

图 11.4　例 11-5 运行结果

11.3.4　ServerSocket 实现服务器

客户端使用 Socket 类来创建 socket 并连接到服务器端。服务器端监听 socket 的类则是 ServerSocket 类。在 C/S 通信模式中，服务器端需要创建监听特定端口的 ServerSocket 来负责接收客户的连接请求。

【**例 11-6**】　实现时间服务器的服务端和客户端，客户端连接服务端时，显示时间。

服务端代码：

```
import java.net.*;
import java.io.*;
public class DaytimeServer
{
    public static final int SERVICE_PORT = 13;
    public static void main(String args[])
    {
        try
        {
            //绑定到服务端口，给客户端授予访问 TCP daytime 服务的权限
            ServerSocket server = new ServerSocket(SERVICE_PORT);
            System.out.println ("Daytime service started");
            // 无限循环，接受客户端
            for (;;)
            {
                //获取下一个 TCP 客户端
                Socket nextClient = server.accept();
```

```java
            //显示连接细节
            System.out.println("Received request from " +
                nextClient.getInetAddress()+":"+nextClient.getPort());
            //不读取数据，只是向消息写信息
            OutputStream out = nextClient.getOutputStream();
            PrintStream pout = newPrintStream (out);
            // 把当前数据显示给用户
            pout.print(new java.util.Date());
            // 清除未发送的字节
            out.flush();
            // 关闭流
            out.close();
            // 关闭连接
            nextClient.close();
        }
    }
    catch (BindException be)
    {
        //打印错误信息
        System.err.println ("Service already running on port " + SERVICE_PORT );
    }
    catch (IOExceptionioe)
    {
        System.err.println ("I/O error - " + ioe);
    }
  }
}
```

客户端代码：

```java
import java.net.*;
import java.io.*;
public class DaytimeClient {
    public static void main(String[] args) {
        String hostname;
        if (args.length> 0) {
            hostname = args[0];
        }
        else {
            //此地址为获取精确时间的地址
            hostname = "localhost";
```

```
        }
        try {
            Socket theSocket = new Socket(hostname, 13);//获得套接字
            //得到输入流
            InputStream timeStream = theSocket.getInputStream();
            StringBuffer time = new StringBuffer();
            int c;
            while ((c = timeStream.read( )) != -1) time.append((char) c);
                String timeString = time.toString().trim( );//得到时间信息
                System.out.println("It is " + timeString + " at " + hostname);
        }
        catch (UnknownHostException e) {
            System.err.println(e);
        }
        catch (IOException e) {
            System.err.println(e);
        }
    }
}
```

程序运行结果如图 11.5 所示。

```
It is Thu Sep 18 10:26:26 CST 2014 at localhost
```

图 11.5 例 11-6 运行结果

11.3.5 服务器多线程处理套接字连接

许多实际应用要求服务器同时为多个客户提供服务，这就需要使用多线程来处理套接字连接。

【例 11-7】 本例程序实现功能：为每个客户分配一个工作线程。服务器的主线程负责接收客户的连接，每次接收到一个连接，就创建一个线程负责与客户通信。

```java
import java.io.*;
import java.net.*;
public class EchoServer {
    private int port=8000;
    private ServerSocket serverSocket;
    public EchoServer() throws IOException {
        serverSocket = new ServerSocket(port);
```

```java
            System.out.println("服务器启动");
        }
        public void service() {
            while (true) {
                Socket socket=null;
                try {
                    socket = serverSocket.accept();    //接收客户连接
                    Thread workThread=new Thread(new Handler(socket));//创建一个工作线程
                    workThread.start();    //启动工作线程
                }catch (IOException e) {
                    e.printStackTrace();
                }
            }
        }
        public static void main(String args[])throws IOException {
            new EchoServer().service();
        }
    }
    class Handler implements Runnable{
        private Socket socket;
        public Handler(Socket socket){
            this.socket=socket;
        }
        private PrintWriter getWriter(Socket socket)throws IOException{
            OutputStream socketOut = socket.getOutputStream();
            return new PrintWriter(socketOut,true);
        }
        private BufferedReader getReader(Socket socket)throws IOException{
            InputStream socketIn = socket.getInputStream();
            return new BufferedReader(new InputStreamReader(socketIn));
        }
        public String echo(String msg) {
            return"echo:" + msg;
        }
        public void run(){
            try {
                System.out.println("New connection accepted " +
                socket.getInetAddress() + ":" +socket.getPort());
                BufferedReaderbr =getReader(socket);
```

```
            PrintWriter pw = getWriter(socket);
            String msg = null;
            while ((msg = br.readLine()) != null) {
                System.out.println(msg);
                pw.println(echo(msg));
                if (msg.equals("bye")) break;
            }
        }catch (IOException e) {
            e.printStackTrace();
        }finally {
            try{
                if(socket!=null)socket.close();
            }catch (IOException e) {e.printStackTrace();}
        }
    }
}
```

11.3.6 Socket 关闭与半关闭

当客户端与服务器端通信结束，应及时关闭 Socket，以释放 Socket 占用的资源。Socket 的 close( )方法负责关闭 Socket。当一个 Socket 对象被关闭后，就不能通过它的输入流和输出流进行 I/O 操作，否则会导致 IOException 异常。Socket 的半关闭提供了这样的功能：套接字连接的一端可以终止其输出，但还可以接收来自另一端的数据。向服务器传输数据时，可以关闭一个套接字的输出流来表示发送给服务器的数据结束，但必须保持输入流在打开状态。

下面代码演示如何在客户端使用半关闭方法。

```
Scoket socket=new Socket (host,port);
        Scanner in=new Scanner(socket.getInputStream());
PrintWriter write=new PrintWriter (socket.getOutputStream());
    //发送请求数据
    writer.print(...);
    writer.flush;
    socket.shutdownOutput();
    //现在 Socket 已经是半关闭了，开始接收返回的数据
    while (in.hasNextLine()!=null)
    {   String line=in.nextLine();
            ....
        }
    socket.close();
```

11.4 URL 链接

11.4.1 统一资源定位符 URL

统一资源定位符 URL 类似于文件名在网络上的扩展,可以理解为与因特网相连的机器上的任何可访问对象的一个指针。

URL 的一般形式是:

  <URL 的访问协议>://<主机名或 IP 地址>:<端口号(可选)>/<路径>

比较常见的访问协议是 http 或者 ftp。

11.4.2 获取 URL 对应的资源

Java 中使用 URL 类来解析 URL,并提供了一些方法来返回 URL 的各个组成部分。

public String getQuery():返回 URL 对象的查询部分。
public String getPath():返回 URL 对象的路径部分。
public String getUserInfo( ):返回 URL 对象的用户信息部分。
public String getProtocol( ):返回 URL 对象的协议部分。
public int getRef( ):返回 URL 对象的引用部分。
public String getHost( ):返回 URL 对象的主机名部分。
……

【例 11-8】 获取给定 URL 对应的资源。

```
import java.net.*;
public class URLSplitter {
    public static void main(String args[]) {
        String[] urls =
            {"http://nbbs.szu.edu.cn/d/home.php?mod=space&uid=130",};
        try {
            URL u = new URL(urls[0]);
            System.out.println("访问的 URL 是: " + u);
            System.out.println("使用的协议是: " + u.getProtocol( ));
            System.out.println("用户信息是: " + u.getUserInfo( ));
            String host = u.getHost( );
            if (host != null) {
                int atSign = host.indexOf('@');
                if (atSign != -1) host = host.substring(atSign+1);
                System.out.println("主机名是: " + host);
            }
            else{
```

```
                System.out.println("主机名为空.");
            }
            System.out.println("端口是：   " + u.getPort( ));
            System.out.println("其路径是：   " + u.getPath( ));
            System.out.println("引用的部分是：   " + u.getRef( ));
            System.out.println("查询部分是： " + u.getQuery( ));
        }
        catch (MalformedURLException e) {
            System.err.println(args[0] +" 不是一个有效的 URL.");
        }
        System.out.println();
    }
}
```

程序运行结果如图 11.6 所示。

```
访问的URL是: http://nbbs.szu.edu.cn/d/home.php?mod=space&uid=130
使用的协议是: http
用户信息是: null
主机名是: nbbs.szu.edu.cn
端口是: -1
其路径是: /d/home.php
引用的部分是: null
查询部分是: mod=space&uid=130
```

图 11.6   例 11-8 运行结果

11.4.3   超链接事件

我们可以使用 Java 创建超链接标签，通过标签访问各个网址。

【例 11-9】 创建超链接标签，并通过标签访问各个网址。

```
import java.awt.*;
import java.awt.event.MouseAdapter;
import java.awt.event.MouseEvent;
import java.io.IOException;
import java.net.*;
import javax.swing.*;
@SuppressWarnings("serial")
public class SuperLink extends JFrame {
    //定义本机桌面对象
    private Desktop desktop = Desktop.getDesktop();
    //定义统一资源标识符对象
    private URI uri;
    //定义网址
    private String webSite = "http://www.szu.edu.cn";
```

```java
//定义用于超链接的 JLabel
JLabel jl = new JLabel("我是深大主页的超链接！");
SuperLink() {
    //设置大小位置
    this.setBounds(400, 150, 200, 100);
    //设置默认关闭操作
    this.setDefaultCloseOperation(EXIT_ON_CLOSE);
    //将 JLabel 添加到窗体
    this.add(jl);
    //设置鼠标外观
    jl.setCursor(new Cursor(Cursor.HAND_CURSOR));
    //设置鼠标事件监听
    jl.addMouseListener(new MouseAdapter() {
        public void mouseClicked(MouseEvent e) {
            runBroswer();
        }
    });
    //设置窗体可见
    this.setVisible(true);
}
public boolean checkBroswer() {
    //返回值为当前系统是否支持浏览器
    return (Desktop.isDesktopSupported()
        && desktop.isSupported(Desktop.Action.BROWSE));
}
public void runBroswer() {
    try {
        //定义网址为 webSite 的内容
        uri = new URI(webSite);
    } catch (URISyntaxException e) {
        e.printStackTrace();
    }
    try {
        //浏览 uri 网址的网页
        desktop.browse(uri);
    } catch (IOException e) {
        e.printStackTrace();
    }
}
```

```
        public static void main(String[] args) {
            SuperLink sl = new SuperLink();
        }
    }
```

程序运行结果如图 11.7 所示。

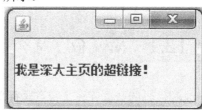

图 11.7　例 11-9 运行结果

点击这个标签后就会打开浏览器,跳转到深圳大学主页。

习　　题

1. 如何确定并获取某台计算机的主机名?
2. 现在假设某个客户端需要与服务器建立连接,需要经过哪几步?
3. 思考在请求队列中等待与服务器进行连接的客户端请求连接个数如何确定?
4. 试利用数据报通信方式编写一程序,该程序生成两个客户端,一个服务器端,两个客户端可以相互进行简短的文字交流。

第 12 章　Java 数据库编程

12.1　MySQL 简介

　　MySQL 数据库是一个开放源代码的数据库，其特点是简单易用，开源免费，因此被广泛用于各种实际项目中。对一般个人使用者和中小型企业来说，MySQL 提供的功能已经绰绰有余，而且由于 MySQL 是开放源码软件，因此可以大大降低总体拥有成本。目前流行的网站构架方式 LAMP(Linux + Apache + MySQL + PHP)，就是使用 Linux 作为操作系统，Apache 作为 Web 服务器，MySQL 作为数据库，PHP 作为服务器端脚本解释器。由于这四个软件都是自由或开放源码的软件(FLOSS)，因此使用这种方式不用花一分钱就可以建立起一个稳定、免费的网站系统。MySQL 官方网站的网址是：www.mysql.com。

12.2　MySQL 的控制台操作

12.2.1　数据库的连接与使用

1. 连接 MySQL

　　安装好 MySQL 后，在 MySQL 根目录下，键入命令 mysql -u[用户名] -p[密码],即可连接到 MySQL 数据库。操作界面如图 12.1 所示。

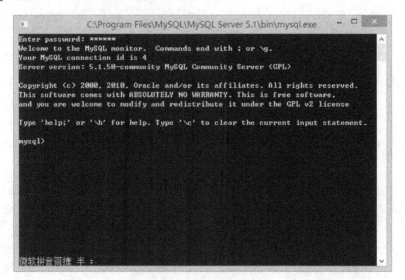

图 12.1　MySQL 数据库

2. 查询数据库

控制台连接到 MySQL 数据库后，将显示提示符 mysql>。后续我们就可以在上面执行各种 SQL 语句，操作 MySQL 数据库。下面我们先简单演示下常用的几个语句。首先是查看已有数据库的 show databases 语句。在输入语句：show databases 后，如图 12.2 所示，系统将显示 MySQL 中已经创建好的数据库名称。

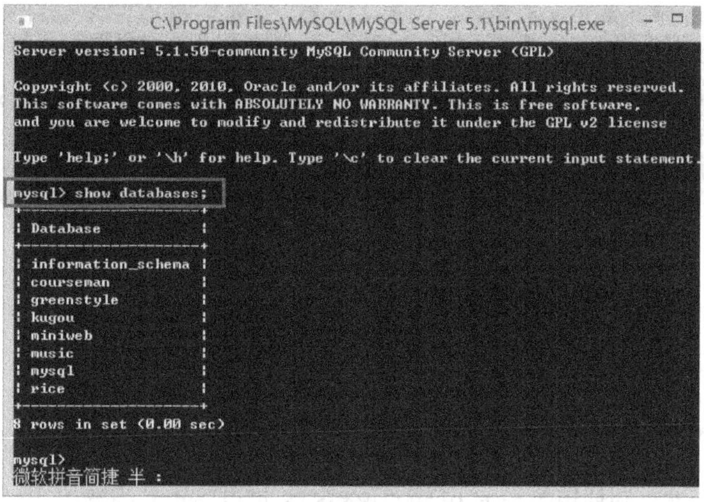

图 12.2 查看数据库信息

3. 创建数据库

接下来我们将创建并使用一个名为"test"的数据库，并在"test"数据库里面，演示数据表的各种常见 SQL 操作语句。

首先创建数据库，使用下面的语句。

语句格式：

    create database 数据库名称

图 12.3 为利用 create 命令创建一个名字为 test 的数据库。

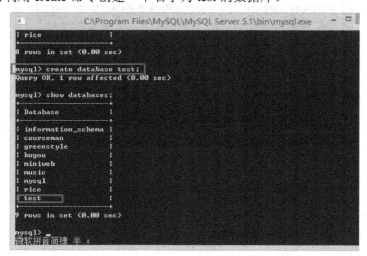

图 12.3 创建数据库

4. 使用数据库

要使用数据库，可以选择下面的语句。

语句格式：

  use 数据库名称

图 12.4 为使用 USC 语句使用数据库的显示效果。

```
mysql> use test
Database changed
mysql>
```

图 12.4　使用数据库

12.2.2　表的创建、修改和删除操作

1. 创建表

语句格式：

  create table 表名

如果表已存在，则使用关键词 IF NOT EXISTS 可以防止发生错误。

在创建表时，如果只想创建临时表，可以使用 TEMPORARY 关键词。只有在当前连接情况下，TEMPORARY 表才是可见的。当连接关闭时，TEMPORARY 表自动消失。这意味着两个不同的连接可以使用相同的临时表名称，同时两个临时表不会互相冲突，也不与原有同名的非临时表冲突(原有的表被隐藏，直到临时表被取消为止)。但需要注意：必须拥有 CREATE TEMPORARY TABLES 权限，才能创建临时表。图 12.5 为创建一个表名为 person 的数据表，包含的字段有：id、name、age、password，第一个为自动生成的序号，并设置为主键，name 和 password 为字符型，age 为整型。

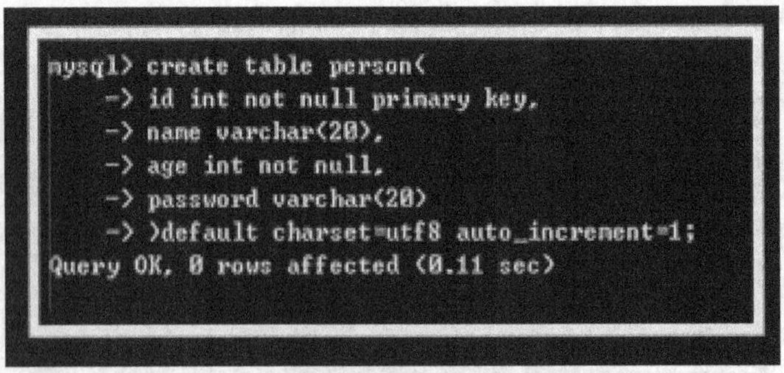

```
mysql> create table person(
    -> id int not null primary key,
    -> name varchar(20),
    -> age int not null,
    -> password varchar(20)
    -> )default charset=utf8 auto_increment=1;
Query OK, 0 rows affected (0.11 sec)
```

图 12.5　创建表

2. 修改表

语句格式：

  alter table 表名 add/drop/modify…;

增加列格式：

  alter table tbl_name add col_name type;

例如，给表增加一列：

  alter table person add address varchar(20);

结果如图 12.6 所示。

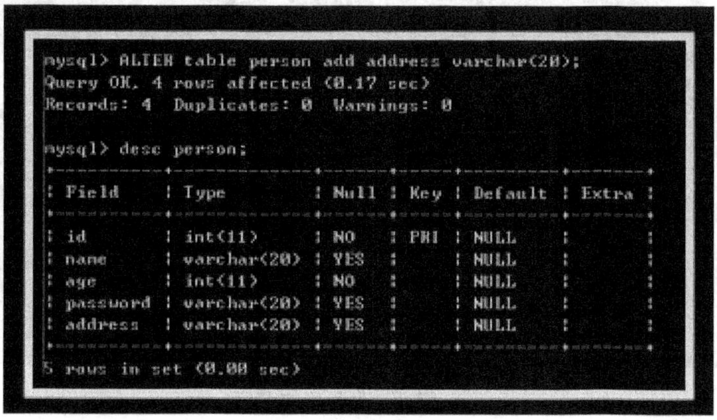

图 12.6 给表增加一列

改变一个字段的默认值：

  alter table table_name alter column_name set default value;

删除列格式格式：

  alter table tbl_name drop col_name;

例如，删除刚才创建的那一列：

  alter table person drop address;

结果如图 12.7 所示。

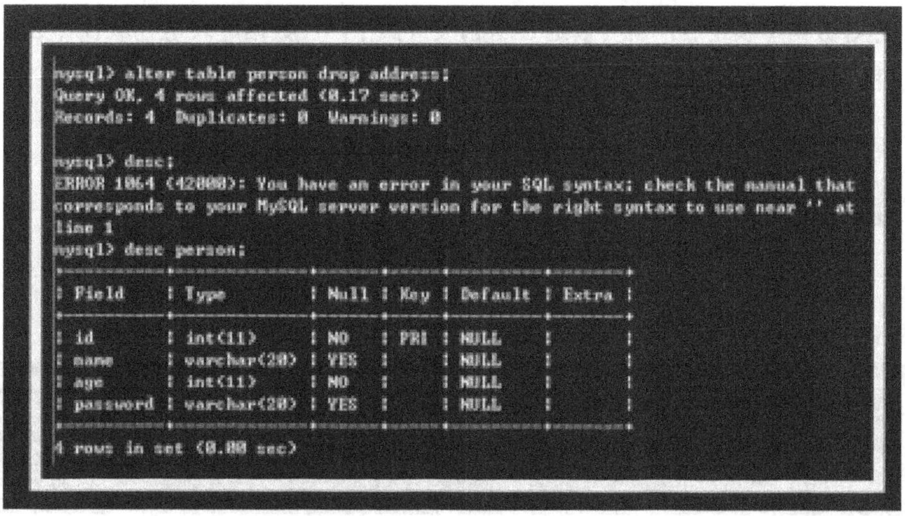

图 12.7 删除表中一列

更改表名格式：

  alter table tbl_name rename new_tbl;

例如，把 person 表更名为 person1：

  alter table person rename person1;

结果如图 12.8 所示。

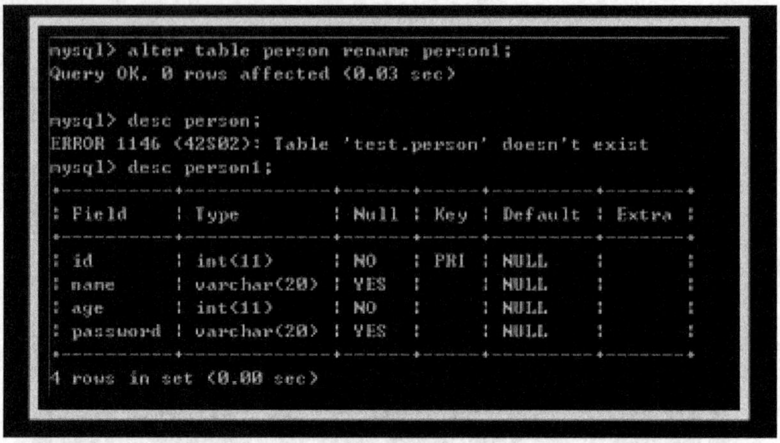

图 12.8 改变表的名字

3. 删除表

语句格式：

  drop table tbl_name;

或者是

  drop table if exists tbl_name;

此命令把数据表从数据库中永久删除，一般慎用。

12.2.3 数据的增删改查操作

创建好数据库表之后，就可以通过增删改查操作，往数据库表里存取各种数据。

1. 插入数据

语句格式：

  insert into 表名

可以使用下面的方式向表中插入数据：

  insert into tableName (col1,col2..) values ('val1','val2'...);
  //向某个表中的特定字段添加相应的数据

图 12.9 所示为在表中插入数据后的返回结果。

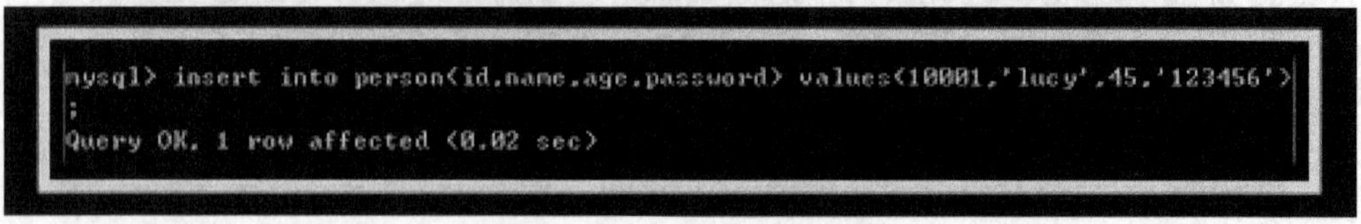

图 12.9 在表中插入数据

直接给某个表中的某个字段设定值：

  insert into tableName set col1='val1';

运行结果如图 12.10 所示。

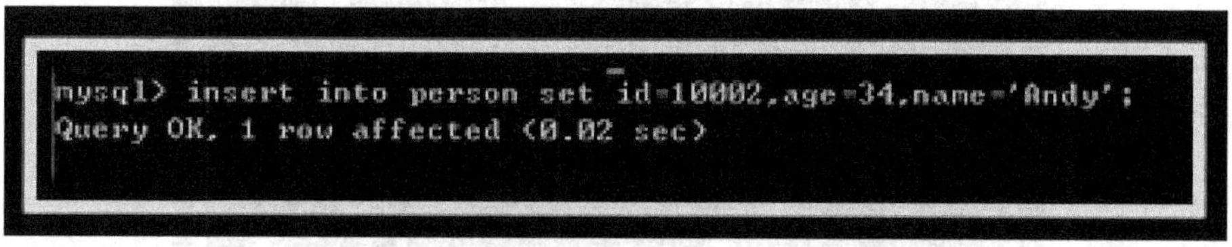

第 12 章 Java 数据库编程

图 12.10　给表中的某个字段设定值

根据表中定义的字段顺序插入相应的数据：

　　insert into tableName values('val1', 'val2',…)

　　//根据表中定义的字段顺序插入相应的数据

运行结果如图 12.11 所示。

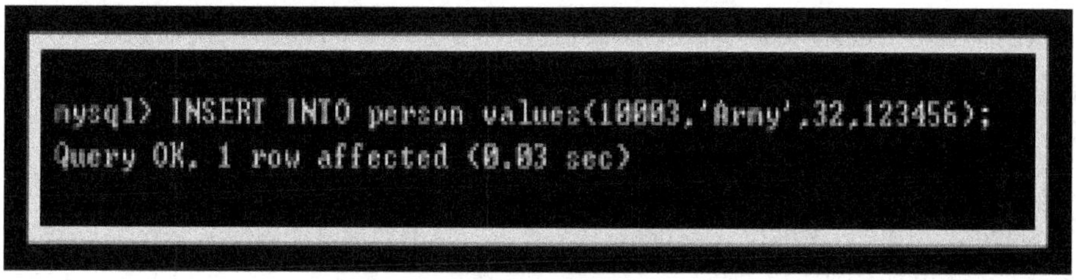

图 12.11　按照表中的字段顺序插入相应的数据

2. 删除数据

语句格式：

　　delete from　表名　where　要删除的记录

语句运行结果如图 12.12 所示。

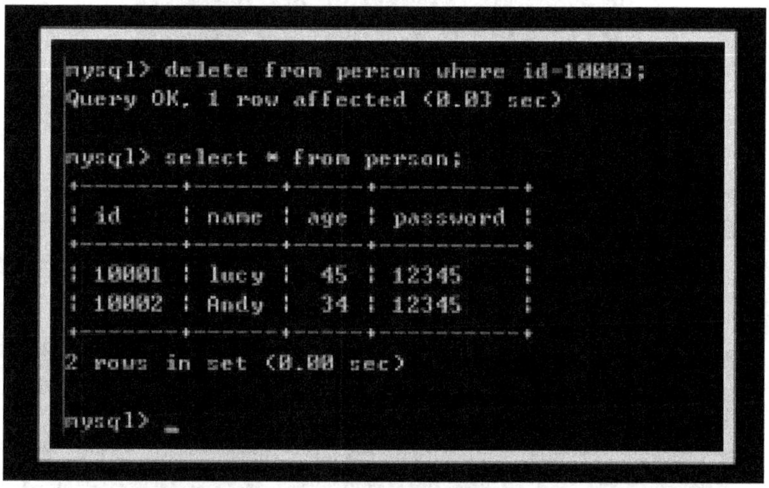

图 12.12　删除数据

3. 修改数据

语句格式：

　　update tab_name set col1=val1　[where 条件]

语句运行结果如图 12.13 所示。

247

```
mysql> update person set password=12345 where id<10004;
Query OK, 3 rows affected (0.02 sec)
Rows matched: 3  Changed: 3  Warnings: 0

mysql> select * from person;
+-------+------+-----+----------+
| id    | name | age | password |
+-------+------+-----+----------+
| 10001 | lucy |  45 | 12345    |
| 10002 | Andy |  34 | 12345    |
| 10003 | Army |  32 | 12345    |
+-------+------+-----+----------+
3 rows in set (0.00 sec)
```

图 12.13　修改表中的数据

4. 查询数据

数据表都已经创建起来了，假设我们已经插入了许多的数据，我们就可以用自己喜欢的方式对数据表里面的信息进行检索和显示了。比如说：可以像下面这样把整个数据表的内容都显示出来。

语句格式：

　　select… from …where …order　by…　　　//缺省按照升序进行排序

语句运行结果如图 12.14 所示。

```
mysql> select * from person;
+-------+------+-----+----------+
| id    | name | age | password |
+-------+------+-----+----------+
| 10001 | lucy |  45 | 12345    |
| 10002 | Andy |  34 | 12345    |
| 10003 | Army |  21 | 12345    |
| 10004 | Amy  |  27 | 12345    |
+-------+------+-----+----------+
4 rows in set (0.00 sec)
```

图 12.14　查询表中数据

要想让 select 语句只把满足特定条件的记录检索出来，就必须给它加上 where 字句来设置数据行的检索条件。只有这样，才能有选择地把数据列中取值满足特定要求的那些数据行挑选出来。可以针对任何类型的值进行查找，比如说对数值进行搜索。数据查询结果如图 12.15 所示。

```
mysql> select * from person where age<40 order by id;
+-------+------+-----+----------+
| id    | name | age | password |
+-------+------+-----+----------+
|  1002 | Amy  |  27 | 123456   |
|  1003 | Army |  21 | 123456   |
|  1004 | Andy |  34 | 123456   |
|  1008 | 王五 |  18 | 334333   |
| 10008 | cudy |  24 | 123456   |
+-------+------+-----+----------+
5 rows in set (0.00 sec)
```

图 12.15　查询表中数据(按照 id 排列)

一般说来，如果创建了一个数据表并向里面插入了一些记录，当发出一条 select * from name 命令的时候，数据记录在查询结果中的显示顺序通常与它们被插入时的先后顺序一样。这当然符合我们的思维习惯，但这只是一种"想当然"的假设而已。事实上，记录被删除时，数据库中会产生一些空的区域，MySQL 会用新的记录来填补这些区域，也就是说，这个时候本假设就不正确了。因此我们必须记住一点，从服务器返回的记录行的先后顺序是没有任何保证的！如果想要按照一定的顺序显示，就必须使用 order by 子句来设置这个顺序，结果如图 12.16 所示。

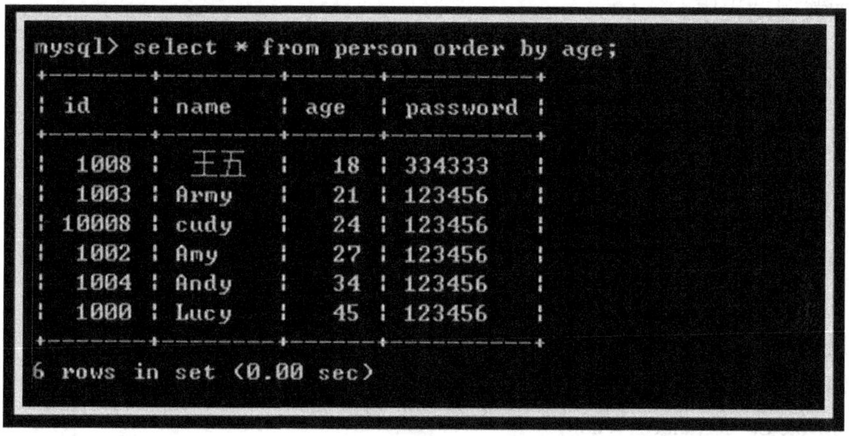

图 12.16　查询表中数据(按照 age 排列)

12.3　在 Java 中执行 SQL 语句

12.3.1　JDBC 和数据库连接

1. JDBC 简介

JDBC 是 Java 数据库编程的核心组成部分。JDBC 的全称是 Java Data Base Connectivity，即 Java 数据库连接，它由一组类和接口组成，为多种关系数据库提供统一的访问，主要用来执行 SQL 语句。JDBC API 包括两个重要的包：java.sql 和 javax.sql。

下面介绍 JDBC 常用的几个接口：

DriverManager：用于管理 JDBC 驱动的服务类，通常使用该类来获取 Connection 对象。

Connection：数据库连接对象，每个 Connection 代表一个物理连接 session。

Statement：用于执行 SQL 语句的工具接口，常用于执行 SQL 查询。

ResultSet：结果集对象，含有访问查询结果的各种方法，例如可以通过列索引或者列名获得列数据。

2. Java 连接数据库

连接数据库之前，首先进行准备工作：

(1) 下载 JDBC 的 MySQL 驱动 mysql-connector-Java-5.0.5.zip。

(2) 把 MySQL 安装目录下的 mysql-connector-Java-5.0.5-bin.jar 加到系统环境的 classpath 中，具体操作如下：

"我的电脑"→"属性"→"高级"→"环境变量"，然后在系统变量中编辑 classpath，将"; D:\mysql-connector-Java-5.0.5\mysql-connector-Java-5.0.5-bin.jar"加到最后，注意我们需要使用字符串前面的";"来将语句与前一个 classpath 区分开。

(3) 配置 MySQL，设其用户名为"root"，密码为"123456"，再建立数据库 test。

接下来就可以使用代码进行连接：

(1) 加载驱动程序。

  String driver = "com.mysql.jdbc.Driver";

  Class.forName(driver); // 加载驱动程序

(2) 通过 DriverManager 到得一个与数据库连接的句柄。

  Connection conn = null;

  conn = DriverManager.getConnection(dbName, name, pw);

(3) 通过连接句柄绑定要执行的语句。

  Statement stme = conn.createStatement();

经过这几步，就可以连接到数据库上了。

【例 12-1】 连接到数据库的完整代码示例。

```java
private Connection con = null;
private Statement stmt = null;
private String url = "jdbc:mysql://localhost:3306/test";
private String user = "root";
private String pwd = "123456";
String driver = "com.mysql.jdbc.Driver";
public MysqlConnector() {
    init();
}
private void init() {
    try {
        Class.forName(driver);
        con = DriverManager.getConnection(url,user,pwd);
        stmt = con.createStatement();
    }catch(Exception e){
        e.printStackTrace();
    }
}
```

3．释放连接

对数据库进行操作前需要先建立连接，然后才能操作、使用数据库里面的数据。因为 connection 和 resultset 需要消费比较多资源，所以通常我们使用完 connection 和 resultset 后就要将其关闭,以避免资源浪费和多用户环境下的资源竞争冲突。

【例 12-2】 释放连接的代码示例。

```java
public void close() {
    try {
        if (con != null)
            con.close();
        if (stmt != null)
            stmt.close();
    }catch (Exception e) {
        e.printStackTrace();
    }
}
```

12.3.2　Java 对数据库的增删改查操作

1. 查询数据

在 Java 中执行 SQL 语句非常容易,只要使用 Statement 对象执行定义好的标准 SQL 语句即可。执行后得到的结果集存放在 ResultSet 中,再使用结果集的 getInt()或者 getString()等方法得到每一列的数据。

【例 12-3】 在 Java 中使用 SQL 语句查询数据的代码示例。

```java
public void search() {
    String query = "select * from person";
    System.out.println("--用户 ID" + " 姓名" + "---" + "年龄" + "---" + "密码");
    try{
        //stmt 是上一小节声明的 Statement 对象。
        ResultSet rs = stmt.executeQuery(query);
        while (rs.next()){
            System.out.println("---" + rs.getInt("id") + "---" + rs.getString("name")
                    + "---" + rs.getInt("age")
                    + "---" + rs.getString("passwoed"));
        }
        // System.out.println("---记录不存在---");
    } catch (Exception e) {
        e.printStackTrace();
    }
}
```

程序执行结果如图 12.17 所示。

```
连接成功
--用户ID---姓名----年龄----密码
---1---李三---25---123456
---2---张四---18---334333
```

图 12.17 例 12-3 运行结果

2. 插入数据

在 Java 中执行 MySQL 数据表的插入操作和前述的查询语句非常类似，只是调用了不同的方法。

【例 12-4】 使用 SQL 语句插入数据的代码示例。

```java
public void add() {
    String insert = " insert into person values(10008,'cudy',24,123456)";
    try {
        //插入操作无需返回一个结果集，因此用了 execute 而不是 executeQuery
        stmt.execute(insert);
        System.out.println("---插入成功---");
    }catch (SQLException e) {
        e.printStackTrace();
    }
}
```

程序执行结果如图 12.18 所示。

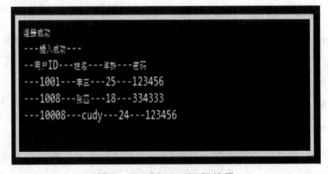

图 12.18 例 12-4 运行结果

3. 修改数据

例 12.15 中采用拼接字符串的方式形成相应的 SQL 语句。需要注意的是，拼接的时候，若传入的参数是 String 类型，则要在该参数前后加上单引号以与其他 SQL 内容区分开。写好语句之后，就可以直接执行更新、修改操作了。

【例 12-5】 采用拼接字符串的方式形成 SQL 语句进行数据修改的代码示例。

```java
public void modify(int id, String name){
    String sql = "update person set name = ' "+name +" ' where id ="+id+" ";
    try {
```

```
            stmt.executeUpdate(sql);
            System.out.println("---修改成功---");
        } catch (SQLException e) {
            e.printStackTrace();
        }
    }
```

程序执行结果如图 12.19 所示。

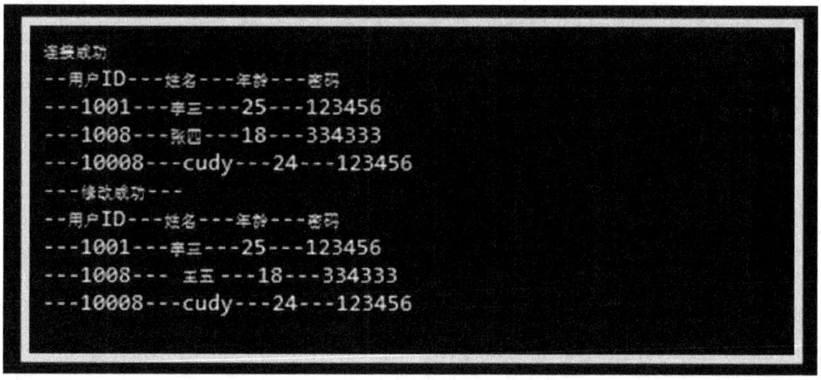

```
连接成功
--用户ID---姓名---年龄---密码
---1001---李三---25---123456
---1008---张四---18---334333
---10008---cudy---24---123456
---修改成功---
--用户ID---姓名---年龄---密码
---1001---李三---25---123456
---1008---  王五 ---18---334333
---10008---cudy---24---123456
```

图 12.19 例 12-5 运行结果

4．删除数据

【例 12-6】 删除数据的代码如下：

```
    public void delete (int id) {
        String sql = "delete from person where id =" +id ;
        try {
            stmt.executeUpdate(sql);
            System.out.println("---删除成功---");
        } catch (Exception e) {
            e.printStackTrace();
        }
    }
```

结果如图 12.20 所示。

```
连接成功
--用户ID---姓名---年龄---密码
---1001---李三---25---123456
---1008---  王五 ---18---334333
---10008---cudy---24---123456
---删除成功---
--用户ID---姓名---年龄---密码
---1008---  王五 ---18---334333
---10008---cudy---24---123456
```

图 12.20 例 12-6 运行结果

12.3.3 预处理语句的应用

使用预处理语句 preparedStatement，不但可以提高 SQL 语句的执行效率，而且能提高代码的可读性和可维护性。建议在尽可能的情况下，都要优先使用预处理语句。

【例 12-7】 不使用预处理语句和使用预处理语句 preparedStatement 的代码示例。

```
//使用 Statement 时的 SQL 语句
stmt.executeUpdate("insert into tb_name (col1,col2,col3) values ('"
                    +var1+"','"+var2+"','"+var3+"')");
//使用 preparedStatement 时的 SQL 语句
perstmt = con.prepareStatement("insert into tb_name (col1,col2,col3) "
                    +" values (?,?,?,?)");
perstmt.setString(1,var1);
perstmt.setString(2,var2);
perstmt.setString(3,var3);
perstmt.executeUpdate();
```

显见第二种方法代码更清晰更易维护。

12.3.4 结果集的选择

我们用 Statement 或 PreparedStatement 实例执行 SQL 查询语句后，将得到一个 ResultSet 对象。该对象类型可以分为三种：基本结果集、可滚动结果集和可更新结果集。现在我们先解释可滚动结果集。

1. 可滚动结果集

可滚动结果集提供了处理结果集游标的各种方法，使得游标能自由的在大部分结果集中滚动，解决了基本结果集只能往前滚动的局限性(因为基本结果集只提供两个获取结果集游标的方法，分别是 next()和 getXXX())。可滚动结果集为游标提供了多种滚动操作方式，例如：

absolute(int row)：把游标移至给定的行。
afterLast()：把游标移动到最后一行后面。
beforeFirst()：把游标移动到第 1 行前面。
isAfterLast()：判断游标是否在最后一行后面。
isBeforeFirst()：判断游标是否在第 1 行前面。
first()：把游标移动到第 1 行。
last()：把游标移动到最后一行。
isFirst()：判断游标是否在第 1 行。
isLast()：判断游标是否在最后一行。
previous()：把游标移动到所在行的前一行。
next()：把游标移动到所在行的后一行。
relative()：把游标相对移动几行。

getRow()：获取当前行数。

要使用这种方式，只需在创建结果集的时候，将结果集的 type 设置为：TYPE_SCROLL_INSENSITIVE

【例 12-8】 设置结果集的 type 值，使其成为可滚动结果集。代码如下所示。

```
private void init() {
    try {
        Class.forName(driver);
        con=DriverManager.getConnection(url, user, pwd);
        //stmt=con.createStatement();
        stmt=con.createStatement(ResultSet.TYPE_SCROLL_INSENSITIVE,ResultSet.
            CONCUR_READ_ONLY);
    } catch (Exception e) {
        e.printStackTrace();
    }
}
```

2. 可更新结果集

我们也可将结果集设置为可更新结果集，顾名思义就是可以更新结果集以及数据库。使用这种方式，在创建结果集的时候使用 ResultSet.CONCUR_UPDATE。

【例 12-9】 更新结果集的代码示例如下所示。

```
Private void init() {
    try {
        Class.forName(driver);
        con=DriverManager.getConnection(url, user, pwd);
        //stmt=con.createStatement();
        //stmt=con.createStatement (ResultSet.TYPE_SCROLL_INSENSITIVE, ResultSet,
            CONSUR_READ_SNTY);
        stmt=con.createStatement (ResultSet.TYPE_SCROLL_SENSITIVE, ResultSet,
            CONCUR_UPDATABLE);
    } catch (Exception e) {
        e.printStackTrace(); |
    }
}

Public void add() {
```

12.4 JTable 组件的操作

JTable 是 Swing 编程中很常用的控件，其表格由两部分组成：行标题(Column Header)与行对象(Column Object)。要使用 JTable 操作数据库表的话，可以这样做：首先定义好行标题，也就是显示的第一行标题行显示的内容；然后，到数据库里面查找内容；我们也知道，查找出来的内容是一个二维数据，最后将二维数组表转成行对象返回即可。

其次，它还有很多设置属性的方法，例如：

```
frame.setDefaultCloseOperation(JFrame.EXIT_ON_CLOSE);    //窗口点击关闭操作
frame.setTitle("JTable 测试");          //设置 table 的 title
frame.setSize(DEFULAT_WIDTH, DEFULAT_HEIGHT);    //设置表格的高度和宽度
frame.setVisible(true); //设置可见等
```

上面都是一些设置窗体属性的方法，这些在 Swing 里面很常见，而在 JTable 里面，有一些比较常用的数据显示方法，比如：

```
final JTable table = new JTable(obj, columeNames);   //定义一个 JTable，方法参数是表格显示的数
                                                     //据，前面一个参数是查找数据库出来的数据，后一个是标题头行
table.setAutoCreateRowSorter(true);         //自动增加一行
frame.add(new JScrollPane(table), BorderLayout.CENTER); //在 JFrame 里面创建一个滚动的 pane，
                                                        //用来转载表格，后面的参数是位置设定
```

对于查找出来的结果集，我们用一个 Object[][]二维数组将它封装起来，再返回到 JTable 里面。代码如下：

```
try {
    ResultSet rs = stmt.executeQuery(query);
    int index = 0;
    while (rs.next()) {
        if (index > 20)
            break;
        ob[index][0] = rs.getInt(1);
        ob[index][1] = rs.getString(2);
        ob[index][2] = rs.getString(3);
        ob[index][3] = rs.getString(4);
        index++;
    }
}
```

最后的结果如图 12.21 所示。

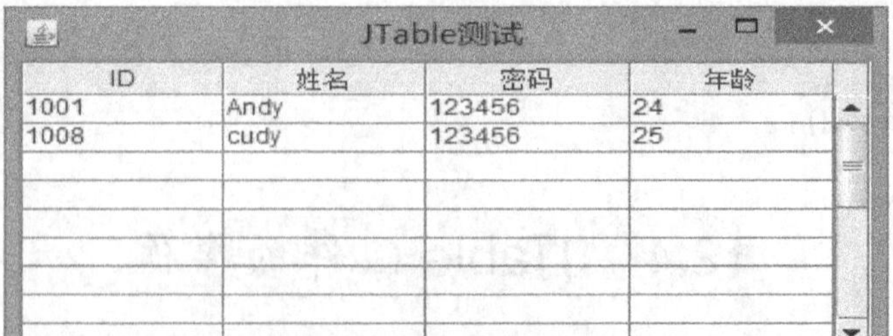

图 12.21　查询结果

【例 12-10】 以下为前述示例的代码，操作之前，要先建好数据库和表，才能运行出结果。

第 12 章 Java 数据库编程

```java
import java.sql.Connection;
import java.sql.DriverManager;
import java.sql.ResultSet;
import java.sql.SQLException;
import java.sql.Statement;
public class MysqlConnector {
    private Connection con = null;
    private Statement stmt = null;
    private String url = "jdbc:mysql://localhost:3306/test";
    private String user = "root";
    private String pwd = "123456";
    String driver = "com.mysql.jdbc.Driver";
    publicMysqlConnector() {
        init();
    }
    private void init() {
        try {
            Class.forName(driver);
            con = DriverManager.getConnection(url, user, pwd);
            stmt = con.createStatement();
        } catch (Exception e) {
            e.printStackTrace();
        }
    }
    public void add() {
        String insert = "insert into person
                values(10008,'cudy',24,123456)";
        try {
            stmt.execute(insert);
            System.out.println("---插入成功---");
        } catch (SQLException e) {
            e.printStackTrace();
        }
    }
    public void search() {
        String query = "select * from person";
        System.out.println("--用户 ID" + "---" + "姓名" + "---" + "年龄" + "---" + "密码");
        try {
            ResultSetrs = stmt.executeQuery(query);
```

```java
            while (rs.next()) {
                System.out.println("---" + rs.getInt("id") + "---"
                        + rs.getString("name") + "---" + rs.getInt("age")
                        + "---" + rs.getString("password"));
            }
            // System.out.println("---记录不存在---");
        } catch (Exception e) {
            e.printStackTrace();
        }
    }
    public void modify(int id,String name) {
        String sql = "update person set name ='"+name + "' where id ="+id+" ";
        try {
            stmt.executeUpdate(sql);
            System.out.println("---修改成功---");
        } catch (SQLException e) {
            e.printStackTrace();
        }
    }
    public void delete(int id) {
        String sql1 = "delete from person where id= " + id;
        try {
            stmt.executeUpdate(sql1);
            System.out.println("---删除成功---");
        } catch (Exception e) {
            e.printStackTrace();
        }
    }
    public void close() {
        try {
            if (con != null)
                con.close();
            if (stmt != null)
                stmt.close();
        } catch (Exception e) {
            e.printStackTrace();
        }
    }
}
```

下面是一个 junit Test，测试前面的数据库操作，增加、删除、修改、查询，效果同前面各命令运行结果，具体参考本章前面相关图示。

```java
import junit.framework.TestCase;
public class MysqlConnectorTest extends TestCase {
    MysqlConnector mc = new MysqlConnector();
    public void testAdd(){
        mc.add();
    }
    public void testSearch(){
        mc.search();
    }
    public void testDelete(){
        int id = 10008;
        mc.delete(id);
    }
    public void testModify(){
        String name = "San";
        int id = 10004;
        mc.modify(id,name);
    }
}
```

【例 12-11】 下面代码为 jtable 的例子代码，此段代码的运行结果与图 12.21 一致。

```java
package jTable;
import java.awt.BorderLayout;
import java.sql.Connection;
import java.sql.DriverManager;
import java.sql.ResultSet;
import java.sql.Statement;
import javax.swing.JFrame;
import javax.swing.JScrollPane;
import javax.swing.JTable;
public class jTable {
    private static final int DEFULAT_WIDTH = 400;
    private static final int DEFULAT_HEIGHT = 200;
    private static String[] columeNames = { "ID", "姓名", "密码", "年龄" };
    /**
     * @paramargs
     */
    private Connection con = null;
```

```java
private Statement stmt = null;
private String url = "jdbc:mysql://localhost:3306/test";
private String user = "root";
private String pwd = "123456";
String driver = "com.mysql.jdbc.Driver";
public void init() {
    try {
        Class.forName(driver);
        con = DriverManager.getConnection(url, user, pwd);
        stmt = con.createStatement();
    } catch (Exception e) {
        e.printStackTrace();
    }
}
public Object[][] search() {
    Object[][] ob = new Object[20][4];
    String query = "select * from person";
    System.out.println("--用户 ID" + "---" + "姓名" + "---" + "年龄" + "---" + "密码");
    try {
        ResultSet rs = stmt.executeQuery(query);
        int index = 0;
        while (rs.next()) {
            if (index > 20)
                break;
            ob[index][0] = rs.getInt(1);
            ob[index][1] = rs.getString(2);
            ob[index][2] = rs.getString(3);
            ob[index][3] = rs.getString(4);
            index++;
        }
    } catch (Exception e) {
        e.printStackTrace();
    }
    return ob;
}
public void close() {
    try {
        if (con != null)
            con.close();
```

```java
                if (stmt != null)
                    stmt.close();
            } catch (Exception e) {
                e.printStackTrace();
            }
        }
        public static void main(String[] args) {
            JFrame frame = new JFrame();
            frame.setDefaultCloseOperation(JFrame.EXIT_ON_CLOSE);
            frame.setTitle("JTable 测试");
            frame.setSize(DEFULAT_WIDTH, DEFULAT_HEIGHT);
            frame.setVisible(true);
            //查找数据库,填充数据到 obj
            jTable j = new jTable();
            j.init();
            Object[][] obj = j.search();
            j.close();
            final JTable table = new JTable(obj, columeNames);
            table.setAutoCreateRowSorter(true);
            frame.add(new JScrollPane(table), BorderLayout.CENTER);
        }
    }
```

习 题

在电脑安装 MySQL 数据库软件,建立数据库 student(数据库里包含学生表单、成绩表单),学生表单包含的字段有:姓名、学号、专业、联系电话、电子邮件、住址,成绩表单包含的字段有:姓名、学号、课程、成绩,实现对该数据库的完整查询应用程序,完成以下步骤:

1. 通过 JDBC 建立与数据库 student 的连接。
2. 通过数据库的控制台操作,往学生和成绩表单中添加数据。
3. 查询学生表单中所有学生记录。
4. 查询成绩表单中课程得分大于 90 分的所有课程。
5. 计算该名学生的所有课程得分平均成绩。